Einstern

Mathematik für Grundschulkinder

4

Arbeitsheft

Erarbeitet von
Roland Bauer
Jutta Maurach

In Zusammenarbeit
mit der
Cornelsen Redaktion
Grundschule

Cornelsen

Inhaltsverzeichnis

Zahlen auf Millimeterpapier darstellen

1 Stelle die Zahlen als Flächen ausgemalter Millimeterquadrate dar.

a) 5 600

b) 2 800

c) 6 940

d) 4 235

Zahlen bilden und verändern

1 Lies die dargestellten Zahlen ab und schreibe sie auf.

a)

T	H	Z	E
●●●	●●●●●●	●	●●●●●●●

b)

T	H	Z	E
●●●●	●●	●●●●	●●

c)

T	H	Z	E
●●●●●	●●●	●	●●●●●●●

2 Stelle die Zahlen mit Punkten dar.

a) 1 625

T	H	Z	E

b) 4 517

T	H	Z	E

c) 7 804

T	H	Z	E

3 Lege die Zahl 3 214 mit Plättchen. Löse dann die Aufgaben mit einem Partnerkind.

T	H	Z	E

a) Schreibe alle Zahlen auf, die ihr erhalten könnt, wenn ihr ein Plättchen dazulegt.

b) Schreibe die Zahlen auf, die ihr erhalten könnt, wenn ihr von der Tausenderstelle zwei Plättchen entfernt und diese bei anderen Stellen hinzufügt.

1 Auf welche Zahlen zeigen die Pfeile?

a)

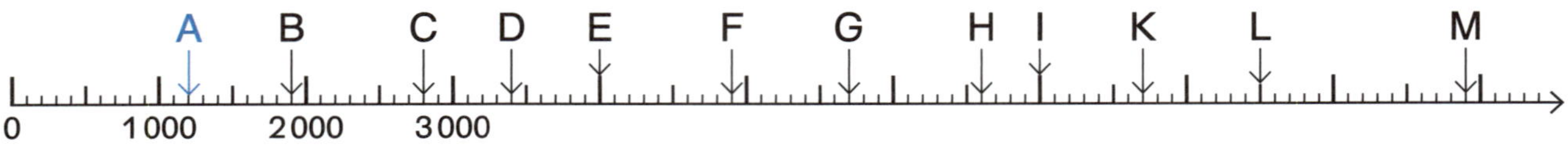

A = 1200 B = ____ C = ____ D = ____

E = ____ F = ____ G = ____ H = ____

I = ____ K = ____ L = ____ M = ____

b)

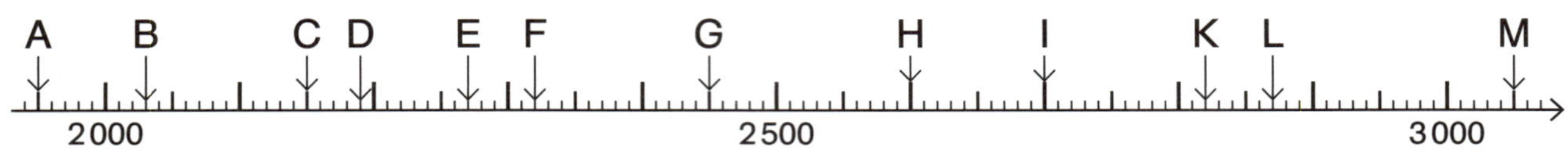

A = ____ B = ____ C = ____ D = ____

E = ____ F = ____ G = ____ H = ____

I = ____ K = ____ L = ____ M = ____

c)

A = ____ B = ____ C = ____ D = ____

E = ____ F = ____ G = ____ H = ____

I = ____ K = ____ L = ____ M = ____

d)

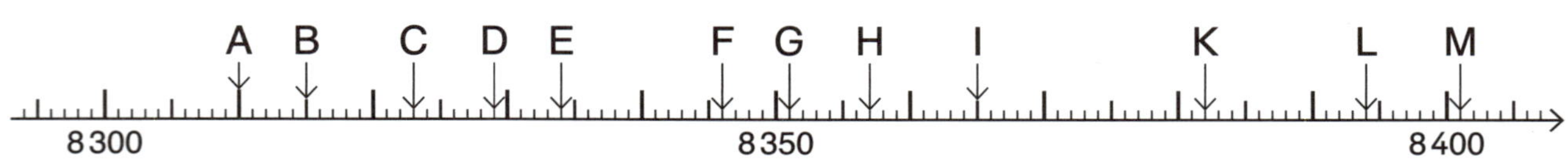

A = ____ B = ____ C = ____ D = ____

E = ____ F = ____ G = ____ H = ____

I = ____ K = ____ L = ____ M = ____

15

Benachbarte Zahlen bestimmen

1

a) Bestimme die Nachbarzehner (NZ).

NZ	Zahl	NZ
7 410	7 416	
	5 821	
	2 800	
	4 704	

b) Bestimme die Nachbarhunderter (NH).

NH	Zahl	NH
	2 410	
	1 876	
	4 515	
	1 129	

c) Bestimme die Nachbartausender (NT).

NT	Zahl	NT
	2 630	
	4 498	
	5 432	
	3 670	

d) Bestimme die Nachbartausender (NT).

NT	Zahl	NT
	9 211	
	8 990	
	8 499	
	3 278	

2 Markiere am Zahlenstrich, wo die Zahlen ungefähr liegen. Verbinde mit den Zahlen.

a) 4 500 5 750
4 000 5 000 6 000

b) 9 250 8 700
7 000 8 000 9 000 10 000 11 000

c) 2 650 2 710
2 500 2 700 2 900

d) 6 800 4 200
3 000 4 000 7 000

3 Welche Zahlen könnten markiert sein? Trage sie ein.

a) 2 000 ☐ ☐ 6 000

b) 7 400 ☐ ☐ 8 000

c) 3 000 ☐ 3 200 ☐ 3 350

d) 8 000 ☐ ☐ 10 000

Zahlreihen ergänzen

1 Setze die Zahlreihen fort.

a) 3100, 3200, 3300, ____, ____, ____, ____, ____,
____, ____, ____, ____, ____, ____, ____, 4600

b) 8900, 8800, 8700, ____, ____, ____, ____, ____,
____, ____, ____, ____, ____, ____, ____, 7400

c) 1500, 2000, 2500, ____, ____, ____, ____, ____,
____, ____, ____, ____, ____, ____, ____, 9000

d) 3000, 2800, 2600, ____, ____, ____, ____, ____,
____, ____, ____, ____, ____, ____, ____, 0

e) 2700, 2900, 3100, ____, ____, ____, ____, ____,
____, ____, ____, ____, ____, ____, ____, 5700

f) 5200, 4900, 4600, ____, ____, ____, ____, ____,
____, ____, ____, ____, ____, ____, ____, 700

g) 4950, 4960, 4970, ____, ____, ____, ____, ____,
____, ____, ____, ____, ____, ____, ____, 5100

h) 9040, 9020, 9000, ____, ____, ____, ____, ____,
____, ____, ____, ____, ____, ____, ____, 8740

i) 3456, 3460, 3464, ____, ____, ____, ____, ____,
____, ____, ____, ____, ____, ____, ____, 3516

k) 8750, 8745, 8740, ____, ____, ____, ____, ____,
____, ____, ____, ____, ____, ____, ____, 8675

Zahlenstrahl beschriften – Zahlen ablesen

1 Beschrifte jeweils zuerst den Zahlenstrahl.
Schreibe dazu die richtigen Zahlen in die gelben Kästchen.
Lies dann ab, auf welche Zahlen die Pfeile zeigen.

a)

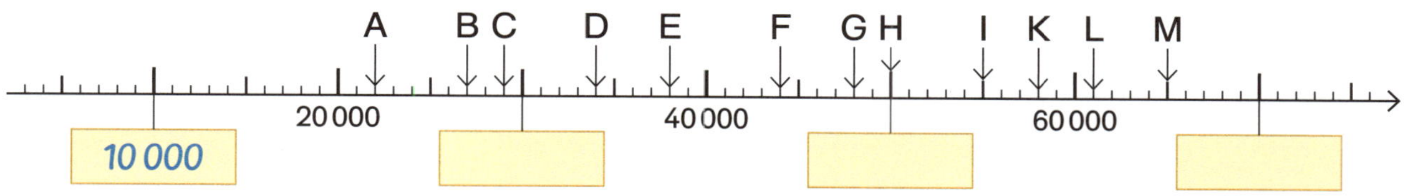

A = ______ B = ______ C = ______ D = ______
E = ______ F = ______ G = ______ H = ______
I = ______ K = ______ L = ______ M = ______

b)

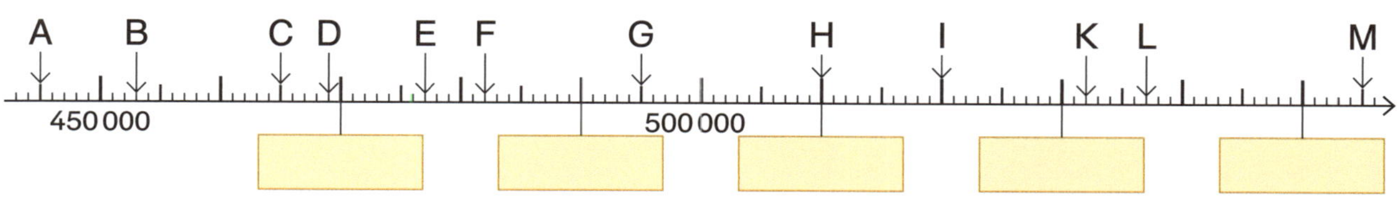

A = ______ B = ______ C = ______ D = ______
E = ______ F = ______ G = ______ H = ______
I = ______ K = ______ L = ______ M = ______

c)

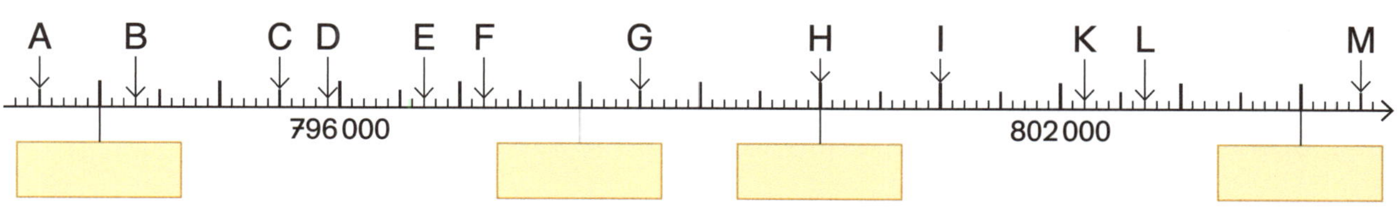

A = ______ B = ______ C = ______ D = ______
E = ______ F = ______ G = ______ H = ______
I = ______ K = ______ L = ______ M = ______

Zahlenstrahl beschriften – Zahlen ergänzen

1 Beschrifte jeweils die Ausschnitte aus dem Zahlenstrahl.
Trage dann die Zahlen mit einem Pfeil ein.

a) ~~3010~~, 2920, 2330, 2240, 2820, 2470, 2730, 2630

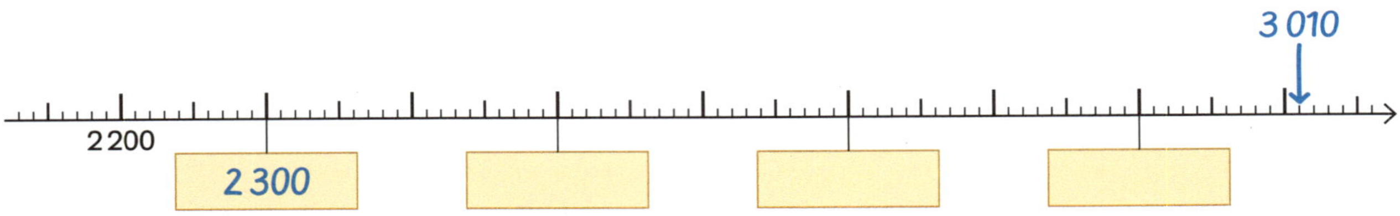

b) 37300, 40500, 35200, 34100, 36200, 39300, 38300

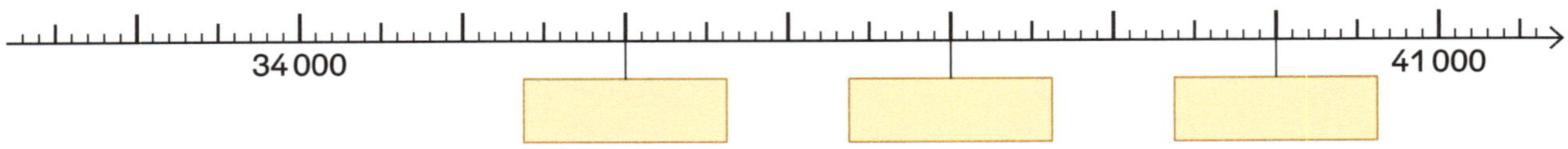

c) 472000, 550000, 496000, 511000, 523000, 538000

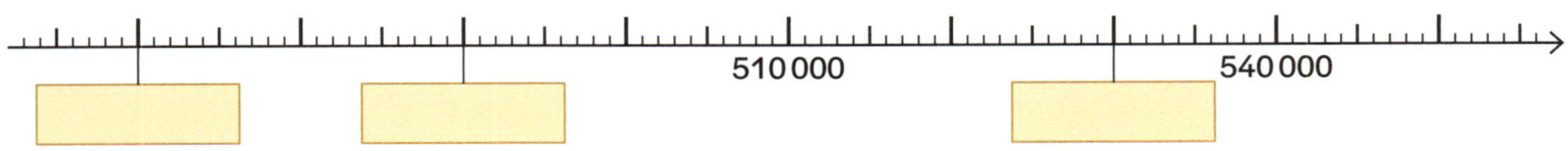

d) 970000, 977900, 976500, 971300, 975300, 972700

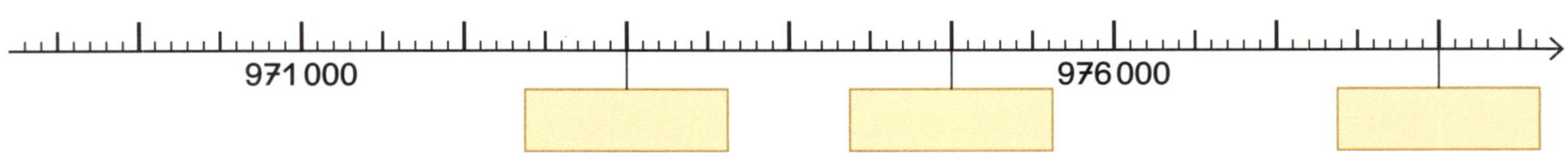

e) 900270, 899570, 899450, 900150, 899990, 899770

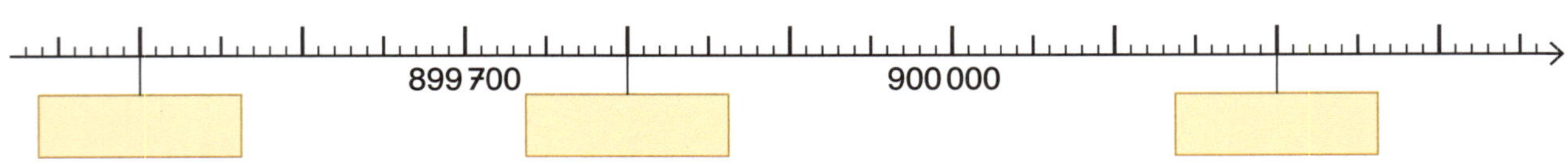

Nachbarzahlen bestimmen

1 Bestimme die fehlenden Kilometerangaben.

Tausender vorher	1 km vorher		1 km nachher	nächster Tausender
7 000 km	7 637 km			

2 Trage passende Zahlen ein.

a)

Nachbarhunderter	Zahl	Nachbarhunderter
16 300	16 317	
	226 830	
149 800		
		376 500

b)

Nachbartausender	Zahl	Nachbartausender
	42 754	
	875 430	
		321 000
188 000		

c)

Nachbarzehntausender	Zahl	Nachbarzehntausender
	953 120	
	604 843	
260 000		
		570 000

Pfeilbilder ergänzen

1 Trage die Pfeile oder passende Zahlen ein.

a)

ist Vorgänger von →

7514 7516

7515 7517

ist Nachfolger von →

8400

ist Vorgänger von →

64401 64399

64400 64402

ist Nachfolger von →

ist Nachfolger von →

562908 562907

562911 562909

562910

ist Vorgänger von →

b)

ist größer als →

56514 651604

165154 36517

ist kleiner als →

Zahlen bilden

1 Ergänze die fehlenden Schreibweisen. Finde eigene Beispiele.

	M	HT	ZT	T	H	Z	E	
452317								4HT 5ZT 2T 3H 1Z 7E
	1	5	9	6	3	5	8	
								2M 8HT 7ZT 4T 3E

2 Stelle mit den Zahlenkärtchen acht verschiedene sechsstellige Zahlen zusammen. Besprich deine Vorgehensweise mit einem anderen Kind.

6 | 8 | 10 | 90 | 700 | 800 | 1000 | 2000

40000 | 60000 | 300000 | 500000

3 Beschrifte die Karten so, dass du die Zahl 529316 zusammenstellen kannst.

4 Beschrifte die Karten zum Zusammenstellen von Zahlen, bei denen alle Ziffern unterschiedlich sein sollen.

a) die kleinste sechsstellige Zahl

b) die größte sechsstellige Zahl

Tausenderzahlen im Kopf addieren

5

1 Trage die Ergebniszahlen ein.

a) 400 000 + 300 000 =
500 000 + 200 000 =
600 000 + 400 000 =
200 000 + 700 000 =

b) 250 000 + 720 000 =
310 000 + 470 000 =
280 000 + 650 000 =
780 000 + 310 000 =

c) 421 000 + 334 000 =
316 000 + 432 000 =
552 000 + 336 000 =
748 000 + 231 000 =

d) 576 300 + 212 000 =
726 500 + 241 000 =
436 100 + 312 000 =
254 500 + 323 000 =

2 Ergänze die Zahlenhäuser.

a)

500 000	
200 000	*300 000*
	120 000
	430 000
150 000	

b)

850 000	
300 000	
610 000	
	430 000
	325 000

c)

1 000 000	
240 000	
	750 000
348 000	
	850 000

d)

3 Trage >, < oder = passend ein.

a) 350 000 + 270 000 ◯ 430 000 + 200 000
510 000 + 240 000 ◯ 390 000 + 360 000
840 000 + 150 000 ◯ 340 000 + 550 000

b) 234 000 + 512 000 ◯ 324 000 + 442 000
423 000 + 516 000 ◯ 245 000 + 724 000
275 000 + 625 000 ◯ 462 000 + 538 000

Addition und Subtraktion bis 1 000 000

Tausenderzahlen im Kopf subtrahieren

1 Trage die Ergebniszahlen ein.

a) 900 000 – 400 000 =
700 000 – 500 000 =
800 000 – 300 000 =
500 000 – 400 000 =

b) 870 000 – 250 000 =
980 000 – 360 000 =
720 000 – 410 000 =
310 000 – 250 000 =

c) 825 000 – 712 000 =
675 000 – 413 000 =
798 000 – 545 000 =
467 000 – 246 000 =

d) 678 500 – 352 000 =
786 800 – 452 000 =
964 700 – 521 000 =
893 600 – 671 000 =

2 Ergänze die Tabellen.

a)

– 100 000 →	
400 000	*300 000*
700 000	
	850 000
	496 000

b)

– 250 000 →	
750 000	
	300 000
	420 000
	512 000

c)

– 320 000 →	
	210 000
	436 000
750 000	
560 000	

d)

– 415 000 →	
920 000	
	320 000
740 000	
	580 000

3 Trage >, < oder = passend ein.

a) 850 000 – 510 000 ◯ 570 000 – 240 000
870 000 – 360 000 ◯ 960 000 – 450 000
540 000 – 230 000 ◯ 850 000 – 220 000

b) 784 000 – 531 000 ◯ 975 000 – 711 000
856 000 – 245 000 ◯ 972 000 – 361 000
648 000 – 426 000 ◯ 827 000 – 615 000

Mit verwandten Aufgaben rechnen

1 Trage die Ergebnisse ein.

a)

30 + 40 =	
3 000 + 4 000 =	
30 000 + 40 000 =	
300 000 + 400 000 =	

b)

35 + 8 =	
3 500 + 800 =	
35 000 + 8 000 =	
350 000 + 80 000 =	

2 Finde zu jeder Aufgabe zwei verwandte Aufgaben.

a)

70	+	30	=	*100*
70 000	+	*30 000*	=	*100 000*
700 000	+	*300 000*	=	

b)

30	+	60	=	
	+		=	
	+		=	

c)

55	+	42	=	
	+		=	
	+		=	

d)

57	+	22	=	
	+		=	
	+		=	

3 Trage die Ergebnisse ein.

a)

90 – 50 =	
9 000 – 5 000 =	
90 000 – 50 000 =	
900 000 – 500 000 =	

b)

689 – 364 =	
6 890 – 3 640 =	
68 900 – 36 400 =	
689 000 – 364 000 =	

4 Finde zu jeder Aufgabe zwei verwandte Aufgaben.

a)

60	–	40	=	*20*
60 000	–	*40 000*	=	
	–		=	

b)

90	–	20	=	
	–		=	
	–		=	

c)

96	–	54	=	
	–		=	
	–		=	

d)

128	–	45	=	
	–		=	
	–		=	

 Addition und Subtraktion bis 1 000 000

Stellengerecht addieren und subtrahieren

1 Addiere und fülle die Tabellen aus.

a)

+	1	10	100
345 232	345 233		
546 849			
447 958			
690 312			
829 465			

b)

+	1 000	10 000	100 000
345 232			
546 849			
447 958			
690 312			
829 465			

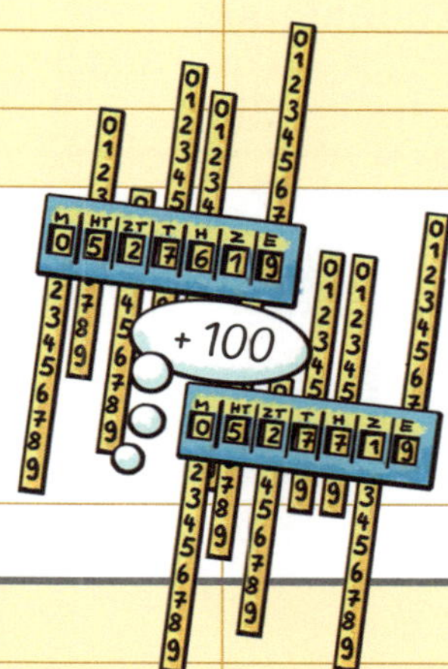

2 Subtrahiere und fülle die Tabellen aus.

a)

–	1	10	100
249 620			
904 348			
720 519			
852 604			
154 029			

b)

–	1 000	10 000	100 000
249 620			
904 348			
720 519			
852 604			
154 029			

3 Betrachte, wie sich die Ergebnisse in den Aufgaben 1 und 2 jeweils ändern.
Überlege gemeinsam mit einem Partnerkind, warum das so ist.

Bis 100000 im Kopf addieren

1 Trage die Ergebniszahlen ein.

a) 6400 + 500 = ___
7300 + 300 = ___
4100 + 900 = ___

b) 2300 + 3000 = ___
5800 + 4000 = ___
7500 + 2000 = ___

c) 14000 + 5000 = ___
28000 + 7000 = ___
69000 + 3000 = ___

d) 35000 + 20000 = ___
58000 + 40000 = ___
69000 + 30000 = ___

2 Fülle die Tabelle aus.

+	300	4000	2500	20000
5400	5700			
3270				
12000				
23500				
42380				

3 Ergänze die Rechenketten.

a) 4300 —+500→ ___ —+4000→ ___ —+20000→ ___
5340 —+3000→ ___ —+40000→ ___ —+5000→ ___
2126 —+40000→ ___ —+5000→ ___ —+23000→ ___

b) 7600 —( )→ 13600 —( )→ 53600 —( )→ 75600
2580 —( )→ 46580 —( )→ 46980 —( )→ 76980
4832 —( )→ 74832 —( )→ 75000 —( )→ 77225

Bis 100 000 im Kopf subtrahieren

1 Trage die Ergebniszahlen ein.

a) 4 800 – 500 = ____
5 700 – 600 = ____
9 400 – 300 = ____

b) 7 900 – 4 000 = ____
9 300 – 6 000 = ____
8 500 – 5 000 = ____

c) 72 000 – 6 000 = ____
81 000 – 4 000 = ____
93 000 – 7 000 = ____

d) 26 000 – 10 000 = ____
54 000 – 30 000 = ____
85 000 – 60 000 = ____

2 Fülle die Tabelle aus.

–	400	2 000	3 200	20 000
28 600	*28 200*			
65 490				
92 763				
74 000				
80 000				

3 Ergänze die Rechenketten.

a) 84 600 —(–200)→ ____ —(–2 000)→ ____ —(–40 000)→ ____

36 500 —(–20 000)→ ____ —(–5 000)→ ____ —(–300)→ ____

72 358 —(–4 000)→ ____ —(–300)→ ____ —(–50 000)→ ____

b) 58 000 —( )→ 18 000 —( )→ 17 900 —( )→ 12 900

86 320 —( )→ 81 320 —( )→ 81 020 —( )→ 51 020

97 617 —( )→ 37 617 —( )→ 37 017 —( )→ 30 017

Beim Addieren Rechnungen geschickt verändern

1 Setze beide Reihen fort und ergänze die Aussagen.

a)

80 000	+	10 000	=	
70 000	+	20 000	=	
60 000	+	30 000	=	
	+		=	
	+		=	
	+		=	
	+		=	

b)

210 000	+	90 000	=	
220 000	+	80 000	=	
230 000	+	70 000	=	
	+		=	
	+		=	
	+		=	
	+		=	

c) Bei der Addition bleibt die Summe gleich, …

… wenn ich die eine Zahl verkleinere und die andere Zahl um den gleichen Zahlenwert ______________________.

… wenn ich die eine Zahl vergrößere und die andere Zahl um den gleichen Zahlenwert ______________________.

2 Finde zuerst eine veränderte Aufgabe, die das Rechnen erleichtert.
Vergleiche deine Ergebnisse mit denen eines anderen Kindes.

a) 897 + 265 = ____
900 + 262 = ____

b) 764 + 896 = ____
____ + ____ = ____

c) 526 + 499 = ____
____ + ____ = ____

d) 7 850 + 1 999 = ____
____ + ____ = ____

e) 3 980 + 1 763 = ____
____ + ____ = ____

f) 4 150 + 3 985 = ____
____ + ____ = ____

3 Immer eine Aufgabe und eine veränderte einfache Aufgabe gehören zusammen.
Male sie jeweils in der gleichen Farbe aus und bestimme die Ergebnisse.

965 + 407 = ____	5 430 + 297 = ____	517 000 + 299 000 = ____
4 721 + 1 000 = ____	516 000 + 300 000 = ____	972 + 400 = ____
5 427 + 300 = ____	4 723 + 998 = ____	

Beim Subtrahieren Rechnungen geschickt verändern

1 Setze beide Reihen fort und ergänze die Aussagen.

a)

30 000	–	10 000	=	
40 000	–	20 000	=	
50 000	–	30 000	=	
	–		=	
	–		=	
	–		=	
	–		=	

b)

590 000	–	70 000	=	
580 000	–	60 000	=	
570 000	–	50 000	=	
	–		=	
	–		=	
	–		=	
	–		=	

c) Bei der Subtraktion bleibt die Differenz gleich, …

… wenn ich die erste Zahl vergrößere und die zweite Zahl um den gleichen Zahlenwert ____________________.

… wenn ich die erste Zahl verkleinere und die zweite Zahl um den gleichen Zahlenwert ____________________.

2 Finde zuerst eine veränderte Aufgabe, die das Rechnen erleichtert. Vergleiche deine Ergebnisse mit denen eines anderen Kindes.

a) 667 – 398 = ____
669 – *400* = ____

b) 704 – 365 = ____
____ – ____ = ____

c) 998 – 448 = ____
____ – ____ = ____

d) 4 765 – 1 999 = ____
____ – ____ = ____

e) 8 100 – 7 650 = ____
____ – ____ = ____

f) 8 750 – 4 697 = ____
____ – ____ = ____

3 Immer eine Aufgabe und eine veränderte einfache Aufgabe gehören zusammen. Male sie jeweils in der gleichen Farbe aus und bestimme die Ergebnisse.

70 508 – 39 998 = ____ | 807 – 700 = ____ | 16 799 – 524 = ____

527 – 400 = ____ | 70 510 – 40 000 = ____ | 522 – 395 = ____

805 – 698 = ____ | 16 800 – 525 = ____

Beim Addieren und Subtrahieren geschickt zusammenfassen

1 Male jeweils die Felder mit den Zahlen aus, die du geschickt zusammenfassen kannst. Löse dann die Aufgabe.

a)

580 + 540 + 420 = 1540
790 + 210 + 570 =
260 + 620 + 780 =
520 + 790 + 480 =
390 + 250 + 350 =

b)

1 800 + 4 700 + 3 200 =
4 700 + 9 800 + 5 300 =
6 400 + 3 600 + 4 200 =
3 300 + 5 200 + 5 700 =
8 500 + 5 600 + 6 400 =

c)

30 100 + 1 800 + 2 500 + 2 500 =
70 300 + 3 100 + 1 900 + 4 700 =
60 340 + 660 + 230 + 240 =
50 500 + 130 + 290 + 710 =
30 220 + 250 + 780 + 250 =

d)

570 − 260 − 70 =
780 − 340 − 280 =
750 − 280 − 220 =
960 − 270 − 130 =
810 − 205 − 205 =

e)

9 700 − 1 800 − 3 700 =
8 500 − 2 400 − 3 600 =
7 900 − 4 700 − 2 300 =
7 000 − 2 400 − 1 600 =
6 900 − 2 900 − 1 200 =

f)

89 500 − 600 − 400 − 290 − 210 =
76 400 − 220 − 140 − 780 − 260 =
26 700 − 350 − 120 − 880 − 350 =
82 000 − 250 − 250 − 700 − 300 =
32 300 − 150 − 130 − 850 − 170 =

2 Finde selbst eine Plus- und eine Minusaufgabe, bei der du Zahlen geschickt zusammenfassen kannst. Bitte ein anderes Kind sie zu lösen.

Additionsaufgaben in mehreren Schritten lösen

1 Notiere deine Rechenschritte am Rechenstrich und bestimme die Ergebnisse.

a) 62 500 + 3 700 = ______

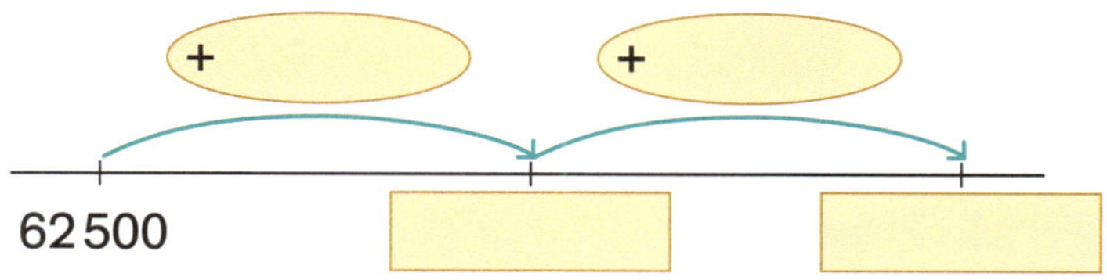

b) 36 750 + 2 320 = ______

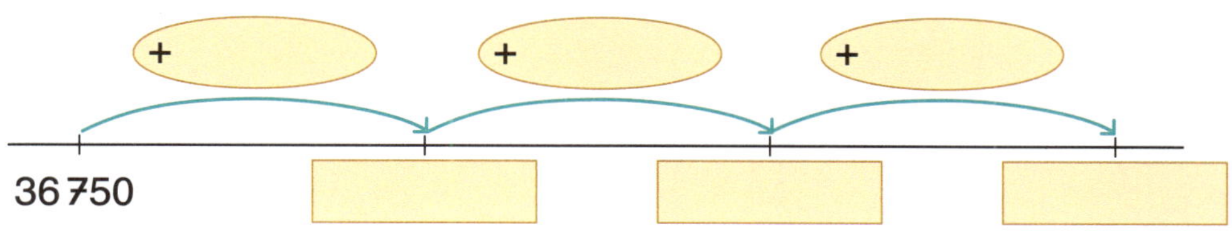

c) 14 625 + 23 830 = ______

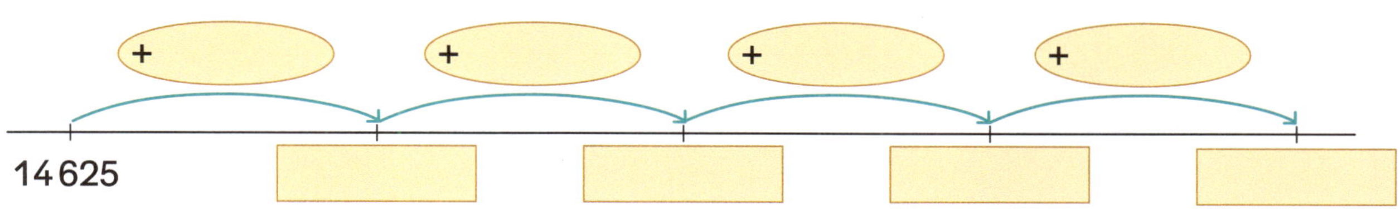

d) 256 300 + 442 600 = ______

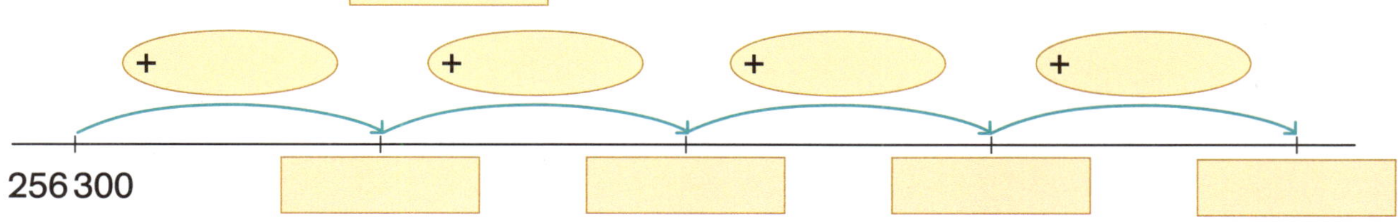

2 Schreibe deine Rechenschritte untereinander auf. Rechne die Aufgaben aus.

a)

12 670	+	4 325	=	
	+		=	
	+		=	
	+		=	
	+		=	

b)

276 485	+	56 810	=	
	+		=	
	+		=	
	+		=	
	+		=	

Subtraktionsaufgaben in mehreren Schritten lösen

1 Notiere deine Rechenschritte am Rechenstrich und bestimme die Ergebnisse.

a) 76 300 – 8 500 = ____

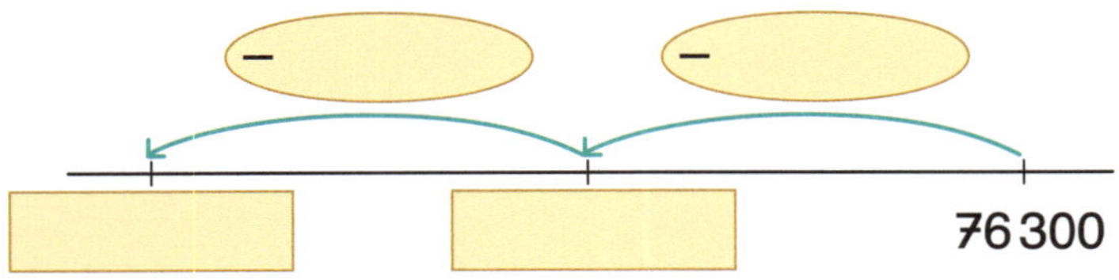

b) 52 480 – 6 850 = ____

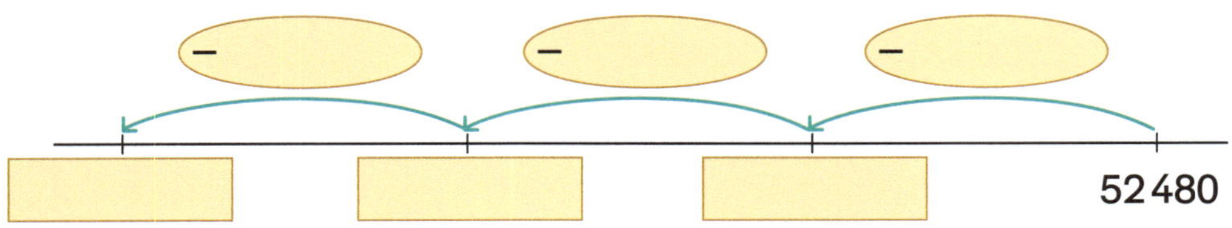

c) 81 540 – 34 870 = ____

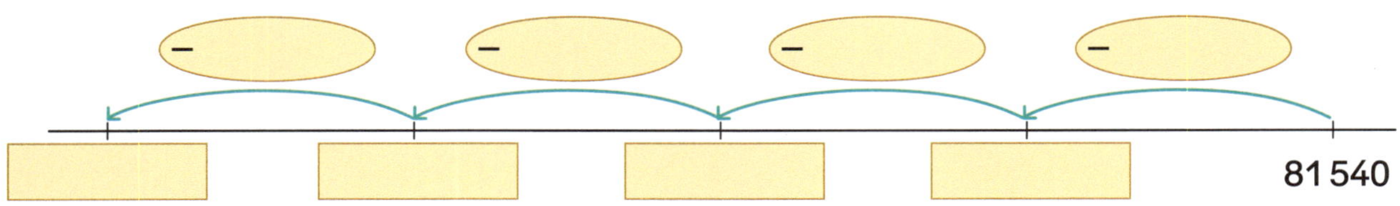

d) 748 300 – 365 800 = ____

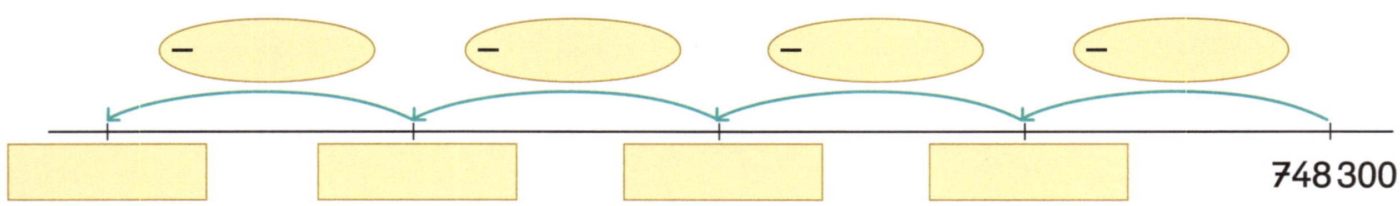

2 Schreibe deine Rechenschritte untereinander auf. Rechne die Aufgaben aus.

a) 64 350 – 6 547 = ____

	–		=	
	–		=	
	–		=	
	–		=	

b) 436 721 – 254 300 = ____

	–		=	
	–		=	
	–		=	
	–		=	

Schriftliches Addieren üben

1 Löse die Aufgaben. Wenn du richtig gerechnet hast, findest du die Kontrollzahl zu jeder Ergebniszahl in einem Stern.

a)

276		679	286
+ 359		+ 465	+ 652
635			

Sterne: 14, 20, 10

b)

3826	5629	8312	6937
+ 4752	+ 3458	+ 1748	+ 3884

Sterne: 12, 28, 24, 7, 19, 13

c)

26978	74863	85312	48324
+ 35645	+ 29627	+ 16896	+ 59858

Sterne: 20, 18, 20, 23

d)

82517	52317	41493	75122
3420	55	2376	4759
+ 516	+ 4099	+ 5831	+ 3241

Sterne: 26, 41, 30, 16, 23

e)

217835	319423	571385	782317
+ 624712	+ 486712	+ 387561	+ 224156

Sterne: 28, 21, 42, 21, 27

f)

182615	213456	379246	377356
213462	345678	135357	122489
+ 326257	+ 156789	+ 246015	+ 466743

Schriftliches Subtrahieren üben

1 Löse die Aufgaben. Wenn du richtig gerechnet hast, findest du die Kontrollzahl zu jeder Ergebniszahl in einem Stern.

a)
- 825 − 679 = 146
- 517 − 364 =
- 982 − 746 =
- 725 − 682 =

Sterne: ~~11~~, 9, 11, 7

b)
- 4321 − 2763 =
- 7524 − 5479 =
- 5712 − 3837 =
- 7839 − 4682 =

Sterne: 16, 11, 19, 21

c)
- 28071 − 12687 =
- 34850 − 16792 =
- 51314 − 27589 =
- 68301 − 36899 =

Sterne: 19, 10, 22, 21, 27, 25

d)
- 72605 − 39 =
- 84743 − 3007 =
- 90000 − 37008 =
- 60400 − 37 =

Sterne: 18, 30, 32, 26, 27

e)
- 1000000 − 2435 =
- 1000000 − 27 =
- 585623 − 217891 =
- 843451 − 789676 =

Sterne: 46, 29, 28, 41, 26

f)
- 1000000 − 998021 =
- 1000000 − 715346 =
- 917693 − 829760 =
- 708335 − 299487 =

Kommazahlen addieren und subtrahieren

1 Löse die Aufgaben.

a)

	34,85 €
	140,95 €
+	1,38 €
	1
	8 €

b)

	23,480 km
	136,000 km
+	5,400 km

c)

	350,700 kg
	22,500 kg
+	0,250 kg

d)

	365,75 €
−	78,50 €

e)

	236,500 km
−	48,700 km

f)

	380,500 kg
−	79,200 kg

2 Rechne schriftlich. Überprüfe dein Ergebnis immer mit der Überschlagsrechnung.

a) 23,95 € + 69 ct + 12 € = ______

Ü: ______

b) 56,25 € − 69 ct = ______

Ü: ______

c) 750 g + 34 kg + 50 g = ______

Ü: ______

d) 34 kg − 2 kg 8 g = ______

Ü: ______

e) 2,678 km + 8305 m + 350 km = ______

Ü: ______

f) 65,040 km − 800 m = ______

Ü: ______

Füllmengen und Maßeinheiten passend zuordnen

1 Ergänze passend ml oder l.

Trinkglas: 200 ml Milchflasche: 1 000 ___ Nasentropfen: 0,020 ___
Badewanne: 130 ___ Sahne: 0,200 ___ Jogurt: 125 ___
Mülltonne: 200 ___ Gießkanne: 5 ___ Tasse: 0,100 ___

2 Verbinde passend. Für manche Gefäße gibt es mehrere Möglichkeiten. Besprich deine Ergebnisse mit einem anderen Kind.

a)

0,020 l | 0,200 l | 0,250 l | 0,330 l | 0,500 l | 1 l | 0,010 l

b)

3 l | 5 l | 10 l | 50 l | 300 l | 150 l | 200 l

3 Wie viel ist ein Liter?

a) Fülle die Tabelle aus.

Gefäße	Saftglas (0,250 l)	kleine Tasse (0,100 l)	Teelöffel (0,005 l)	Jogurtbecher (0,125 l)
ergeben 1 Liter:	4			

b) Suche weitere Gefäße und trage sie und die passenden Angaben in die Tabelle ein.

Gefäße				
ergeben 1 Liter:				

Vielfache finden

1

1	2	3	4	5	6	7	8	9	10
11	12	13	14	15	16	17	18	19	20
21	22	23	24	25	26	27	28	29	30
31	32	33	34	35	36	37	38	39	40
41	42	43	44	45	46	47	48	49	50
51	52	53	54	55	56	57	58	59	60
61	62	63	64	65	66	67	68	69	70
71	72	73	74	75	76	77	78	79	80
81	82	83	84	85	86	87	88	89	90
91	92	93	94	95	96	97	98	99	100

101	102	103	104	105	106	107	108	109	110
111	112	113	114	115	116	117	118	119	120
121	122	123	124	125	126	127	128	129	130
131	132	133	134	135	136	137	138	139	140
141	142	143	144	145	146	147	148	149	150
151	152	153	154	155	156	157	158	159	160
161	162	163	164	165	166	167	168	169	170
171	172	173	174	175	176	177	178	179	180
181	182	183	184	185	186	187	188	189	190
191	192	193	194	195	196	197	198	199	200

Kennzeichne in den beiden Hundertertafeln die Vielfachen von …

a) … 11 mit einem roten Punkt.

b) … 12 mit einem blauen Punkt.

c) … 13 mit einem grünen Punkt.

d) … 14 mit einem gelben Punkt.

e) … 15 mit einem orangen Punkt.

f) … 16 mit einem lila Punkt.

g) … 17 mit einem braunen Punkt.

h) … 18 mit einem schwarzen Punkt.

2

1	2	3	4	5	6	7	8	9	10
11	12	13	14	15	16	17	18	19	20
21	22	23	24	25	26	27	28	29	30
31	32	33	34	35	36	37	38	39	40
41	42	43	44	45	46	47	48	49	50
51	52	53	54	55	56	57	58	59	60
61	62	63	64	65	66	67	68	69	70
71	72	73	74	75	76	77	78	79	80
81	82	83	84	85	86	87	88	89	90
91	92	93	94	95	96	97	98	99	100

a) Kreise alle Vielfachen von 12 ein.

b) Kennzeichne die Vielfachen von …

… 2 mit einem blauen Punkt.
… 3 mit einem grünen Punkt.
… 4 mit einem roten Punkt.
… 6 mit einem gelben Punkt.

c) Ergänze folgende Aussage:

12 ist Vielfaches von ___, ___, ___, ___ und ___.

Deshalb sind auch alle Vielfachen von 12 Vielfache von ___, ___, ___, ___ und ___.

1 Bestimme die Teiler.

a) Kreuze für jede Zahl von 1 bis 20 an, von welchen Zahlen sie Teiler ist.

ist Teiler von	1	2	3	4	5	6	7	8	9	10	11	12	13	14	15	16	17	18	19	20	21	22	23	24	25	26	27	28	29	30	31	32	33	34	35	36	37	38	39	40	41	42	43	44
1																																												
2		X		X																																								
3																																												
4																																												
5																																												
6																																												
7																																												
8																																												
9																																												
10																																												
11																																												
12																																												
13																																												
14																																												
15																																												
16																																												
17																																												
18																																												
19																																												
20																																												

b) Stelle Regelmäßigkeiten fest, schreibe deine Entdeckungen auf und vergleiche sie mit denen anderer Kinder.

Das habe ich entdeckt: ____________________

____

____

In mehreren Schritten multiplizieren und dividieren

1 Zerlege die Aufgaben in Teilschritte und bestimme die Ergebnisse.

217 · 6 = ☐	392 · 5 = ☐	186 · 9 = ☐
200 · 6 = ☐	☐ · 5 = ☐	☐ · 9 = ☐
☐ · 6 = ☐	☐ · 5 = ☐	☐ · 9 = ☐
☐ · 6 = ☐	☐ · 5 = ☐	☐ · 9 = ☐
217 · 6 = ☐	392 · 5 = ☐	186 · 9 = ☐

2 Wie heißen die Aufgaben, die zerlegt wurden? Bestimme auch die Ergebnisse.

234 · 4 = ☐	☐ · ☐ = ☐	☐ · ☐ = ☐
200 · 4 = ☐	400 · 2 = ☐	100 · 6 = ☐
30 · 4 = ☐	30 · 2 = ☐	50 · 6 = ☐
4 · 4 = ☐	5 · 2 = ☐	3 · 6 = ☐

3 Zerlege die Aufgaben in Teilschritte und bestimme die Ergebnisse.

165 : 5 = ☐	352 : 4 = ☐	464 : 8 = ☐
☐ : 5 = ☐	☐ : 4 = ☐	☐ : 8 = ☐
☐ : 5 = ☐	☐ : 4 = ☐	☐ : 8 = ☐
165 : 5 = ☐	352 : 4 = ☐	464 : 8 = ☐

4 Wie heißen die Aufgaben, die zerlegt wurden? Bestimme auch die Ergebnisse.

☐ : 3 = ☐	☐ : 6 = ☐	☐ : 2 = ☐
900 : 3 = ☐	600 : 6 = ☐	800 : 2 = ☐
30 : 3 = ☐	60 : 6 = ☐	20 : 2 = ☐
12 : 3 = ☐	18 : 6 = ☐	16 : 2 = ☐

Multiplizieren und Dividieren üben

1 Ergänze die Multiplikationsaufgaben in den Blütenblättern so, dass sie die Zahl in der Mitte als Ergebnis haben.

a)

b)

2 Schreibe zu jeder Aufgabe im Dach alle möglichen verwandten Aufgaben auf. Keine Aufgabe soll doppelt vorkommen.

a) 72 : 8

720000	:	8	=	
72000	:		=	9
720000	:	80000	=	
720	:		=	90
7200	:		=	9
720000	:		=	90
720	:	80	=	
7200	:		=	900
720000	:		=	900
72000	:		=	9000
720000	:	80	=	
72000	:		=	
72000	:		=	
7200	:		=	

b) 24 : 3

240000	:	3	=	
	:		=	8
	:	30000	=	
	:		=	80
	:		=	
	:		=	
	:	30	=	
	:		=	
	:		=	800
	:		=	
	:	30	=	
	:		=	
	:		=	
	:		=	

Rechtecke und Quadrate zeichnen

1 Suche Rechtecke und Quadrate.

a) Zeichne Rechtecke mit einem blauen Stift nach, Quadrate mit einem roten. Benutze dein Lineal oder dein Geodreieck.

b) Vergleiche deine Ergebnisse mit denen eines anderen Kindes.

2 Ergänze mit Hilfe des Geodreiecks …

a) … zu Rechtecken.

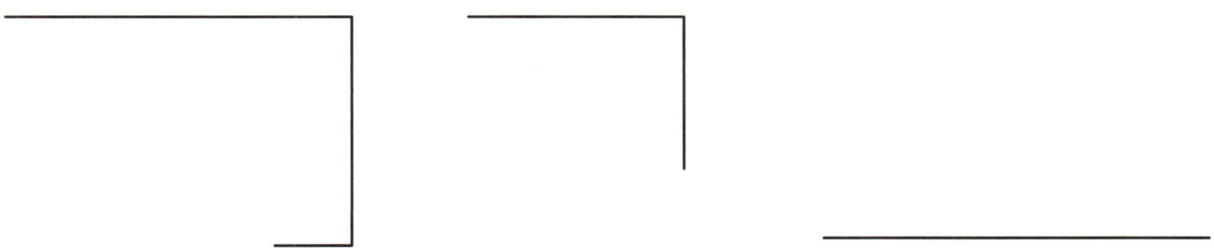

b) … zu Quadraten.

Rechte Winkel erkennen und zeichnen

1 Kennzeichne in den Figuren alle rechten Winkel so: ⦜
Überprüfe mit dem Faltwinkel oder mit dem Geodreieck.

Um mit dem Geodreieck gut überprüfen zu können, kannst du vorher einzelne Linien verlängern.

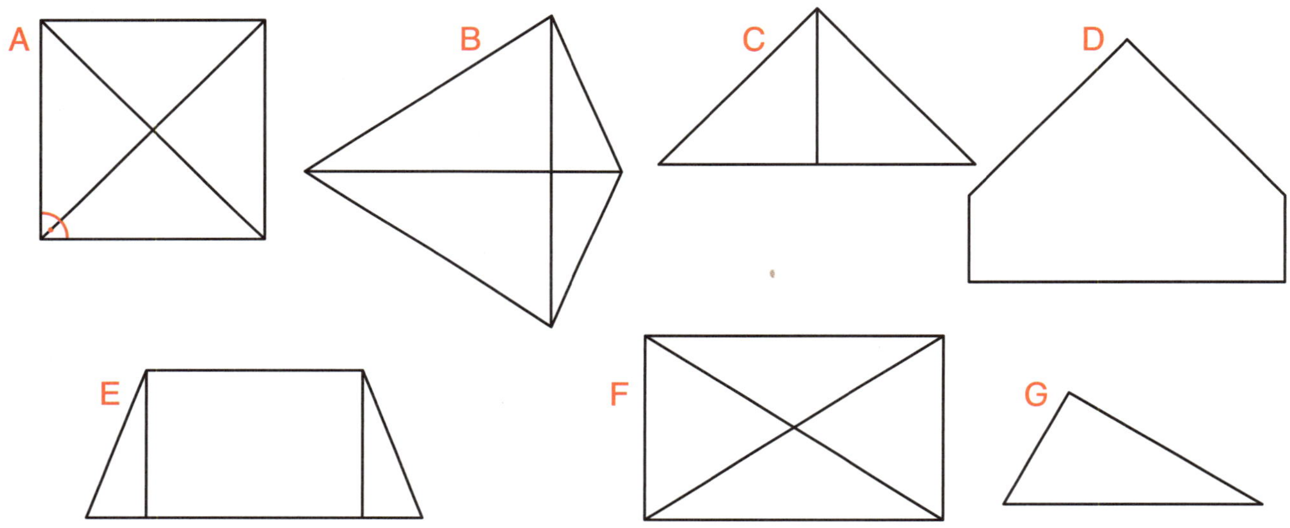

2 Zeichne mit dem Geodreieck zu jeder Linie eine Senkrechte, die durch den vorgegebenen Punkt geht.

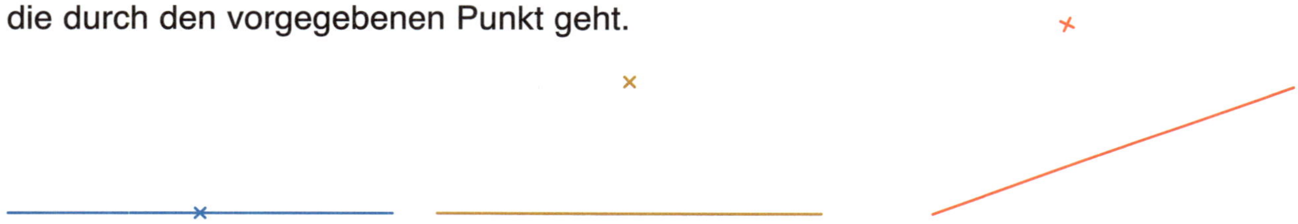

3 Setze die Zeichnung mit dem Geodreieck so fort, dass die nächste Linie jeweils senkrecht zur zuletzt gezeichneten ist. Kennzeichne immer den entstandenen rechten Winkel.

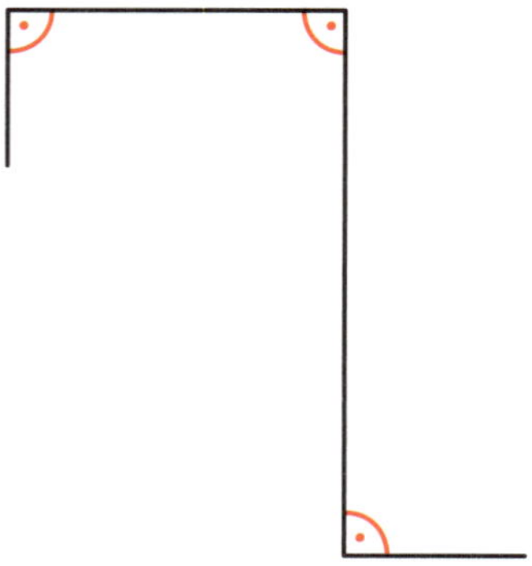

Parallele Linien finden

1 Zeichne alle Linien, die zu a parallel sind, blau nach.
Linien, die zu b parallel sind, zeichnest du rot nach.

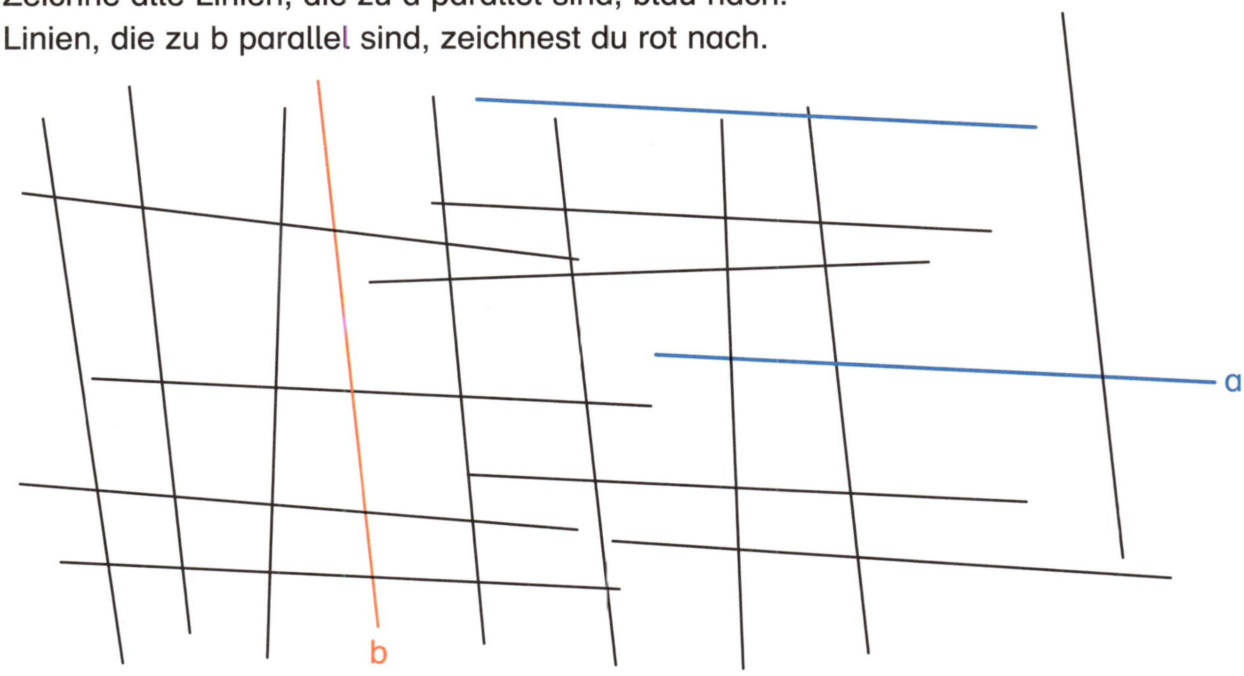

2 Zeichne parallele Linien jeweils in der gleichen Farbe nach.

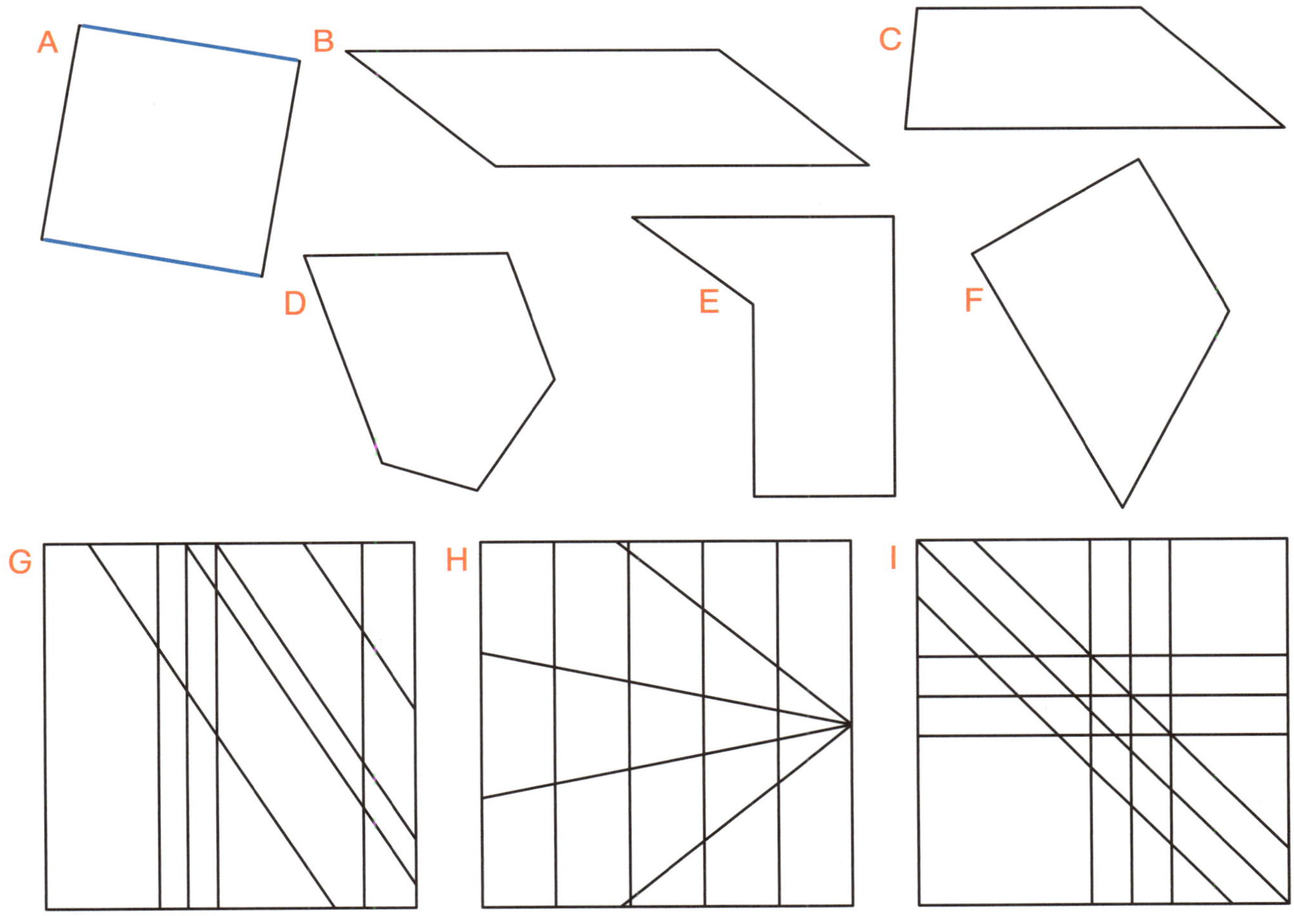

Parallele Linien zeichnen

1 Zeichne mit dem Geodreieck Parallelen zu den Seiten des Dreiecks, die durch die gekennzeichneten Punkte gehen.

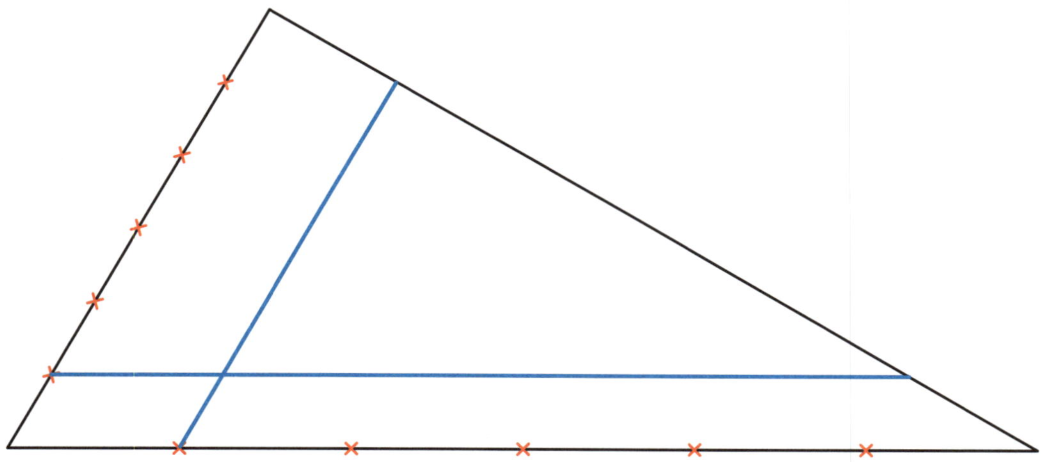

2 Zeichne mit dem Geodreieck die Parallelen im gleichen Abstand weiter.

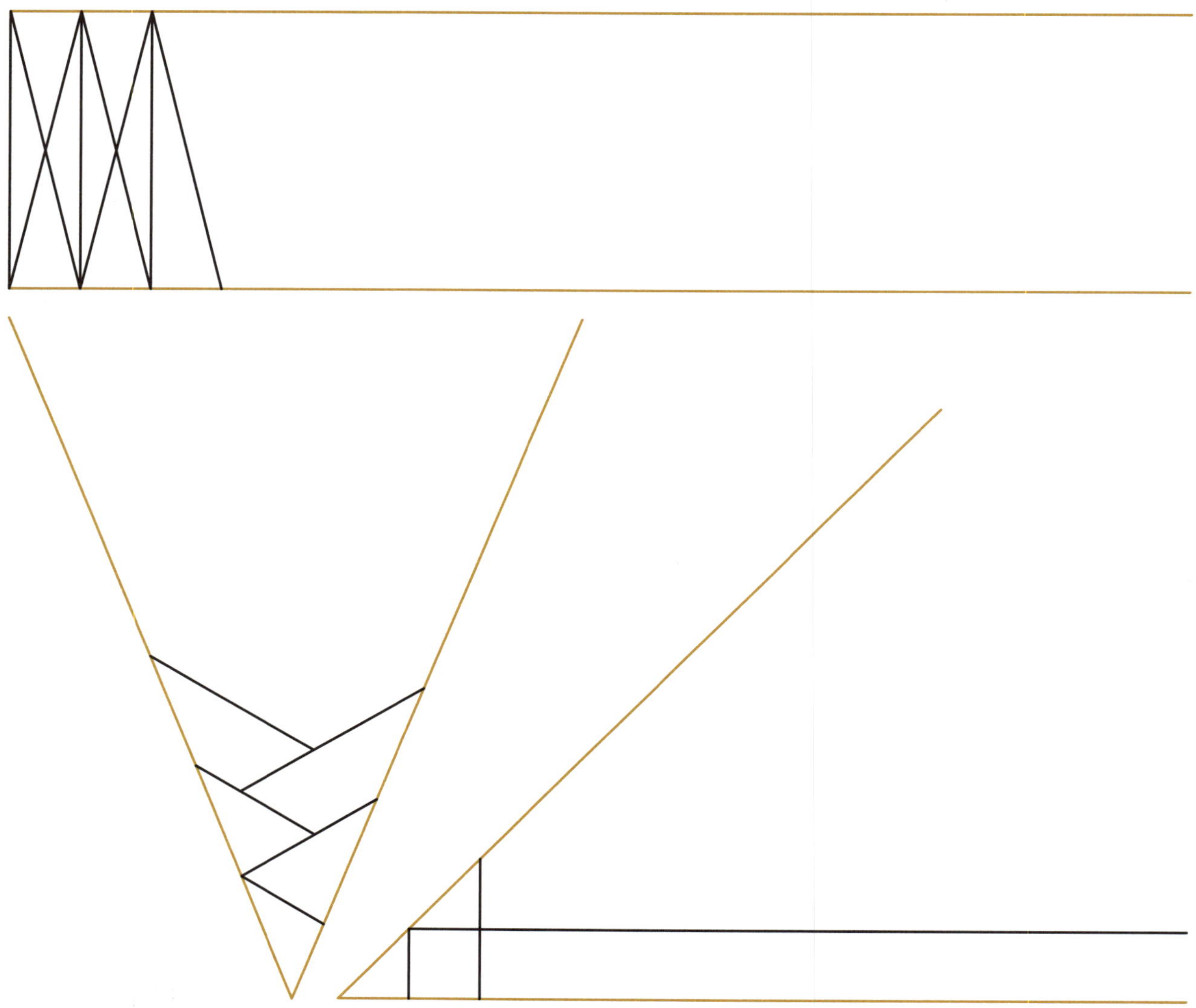

Symmetrieachsen einzeichnen

1 Zeichne alle möglichen Symmetrieachsen ein.

a)

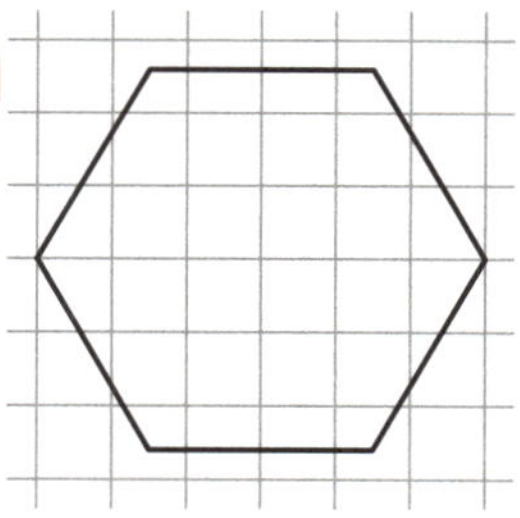

b)

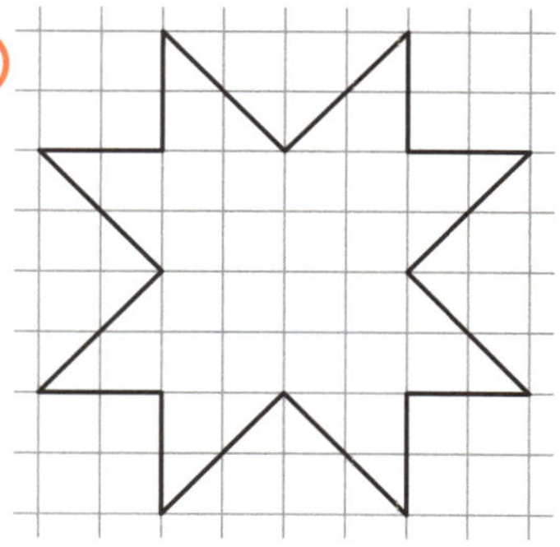

c)

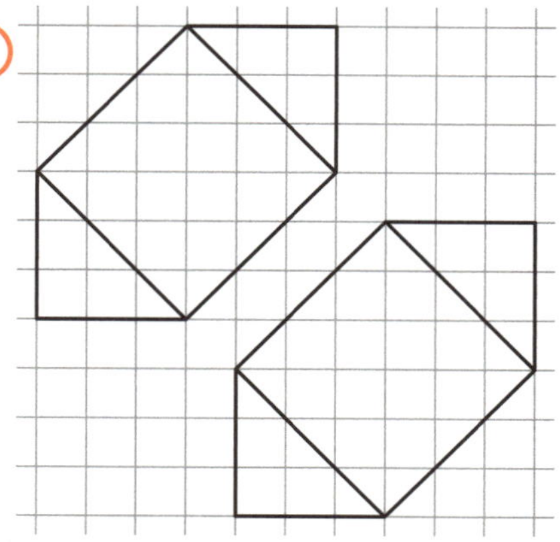

2 Umkreise die symmetrischen Verkehrsschilder. Zeichne dann die Symmetrieachsen ein. Begründe einem anderen Kind deine Ergebnisse.

3 Schreibe unter die Flaggen, die du kennst, das Land, zu dem sie gehören. Trage in die Kästchen die Anzahl der Symmetrieachsen ein. Zeichne sie ein.

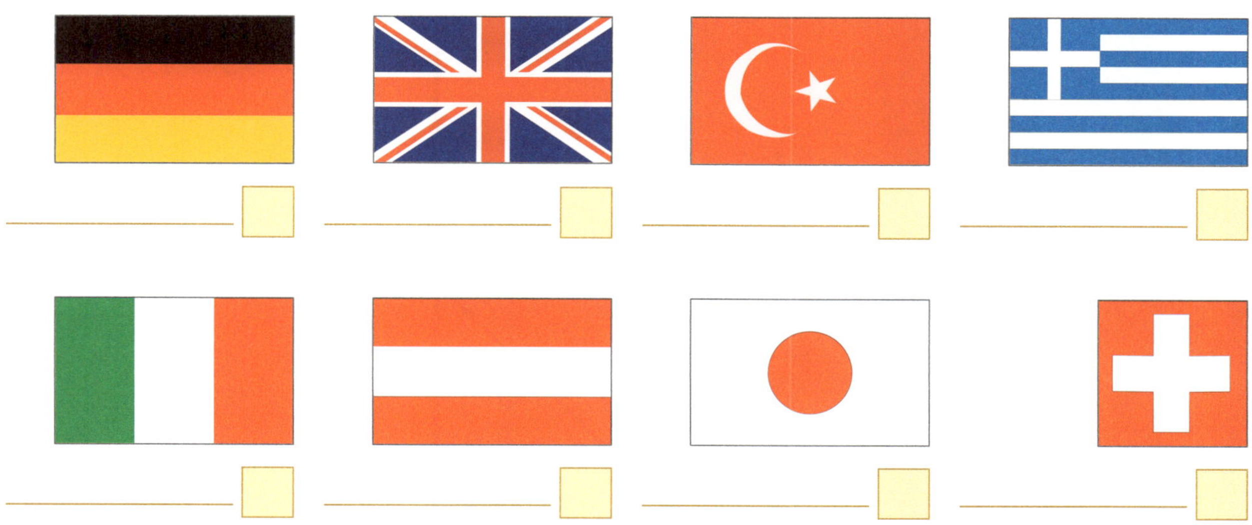

Symmetrische Figuren zeichnen

1 Spiegle die Figur zuerst an der roten Achse. Spiegle die Spiegelfigur dann an der blauen Achse und die neue Spiegelfigur noch einmal an der grünen Achse.

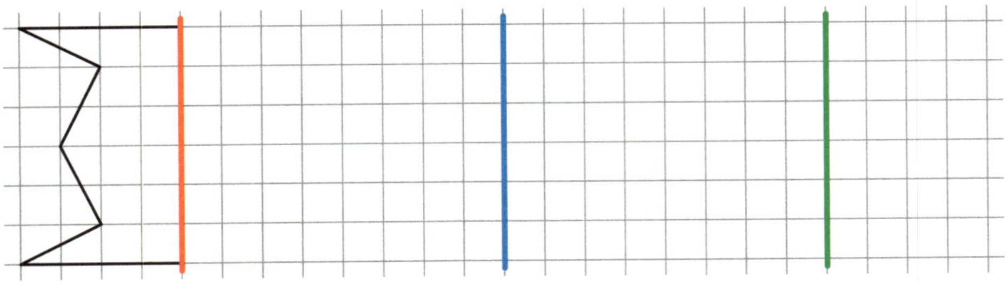

2 Spiegle zuerst an der roten Achse. Spiegle dann alles an der blauen Achse.

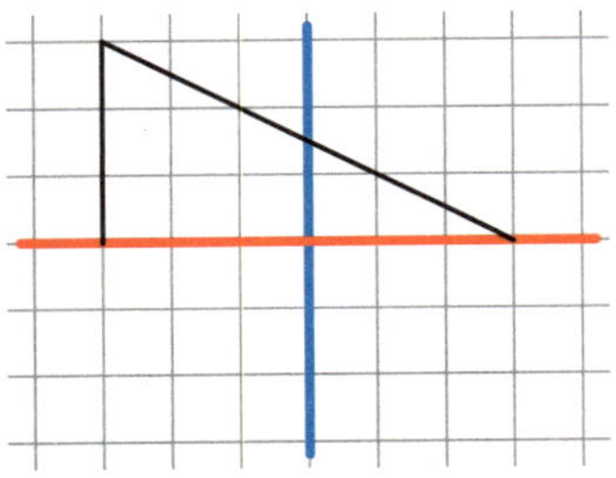

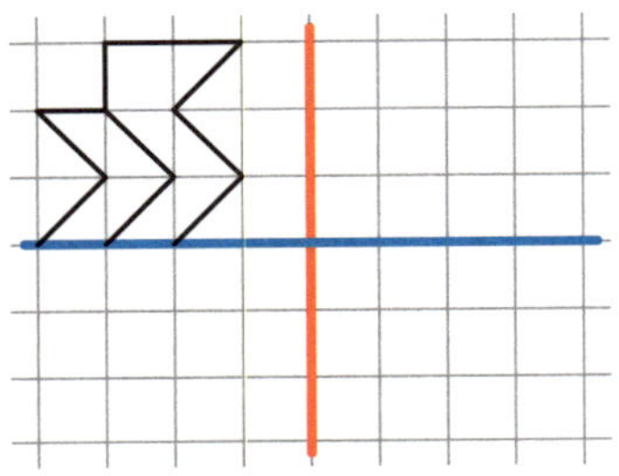

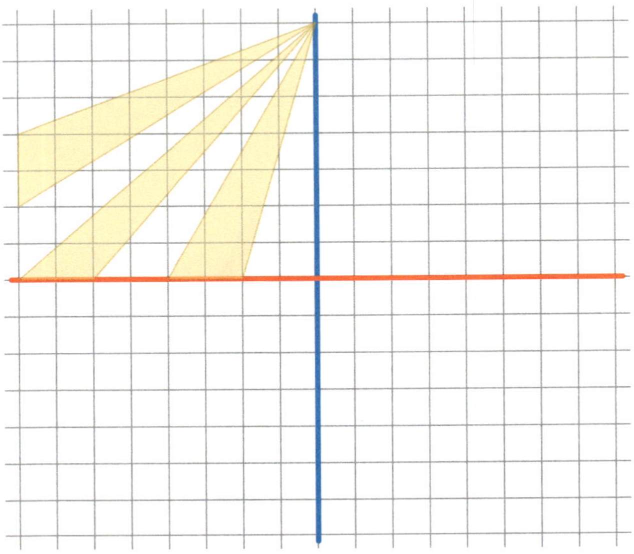

3 Spiegle die Figuren zuerst an der roten Achse.
Spiegle die Spiegelfigur dann an der grünen Achse.
Fahre so fort und spiegle der Reihe nach an allen weiteren Achsen.
Vergleiche die entstanden Figuren mit denen anderer Kinder.

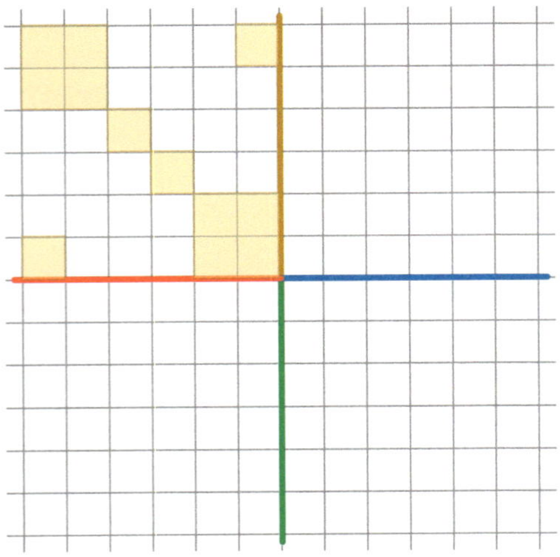

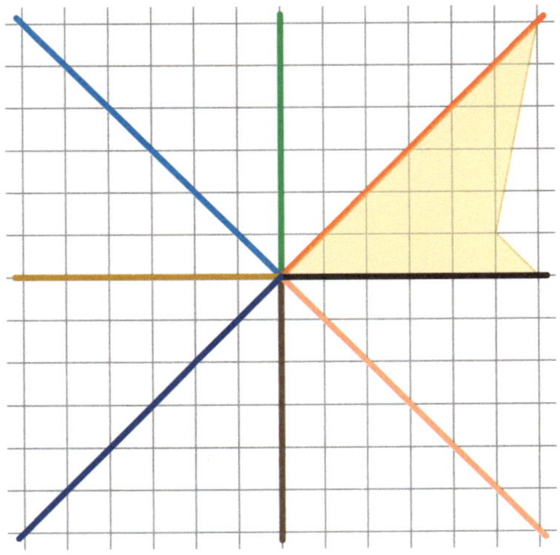

Drehsymmetrische Figuren zeichnen

1 Ergänze jede Figur so, dass sie drehsymmetrisch wird.
Die neue, drehsymmetrische Figur soll den eingezeichneten Drehpunkt haben.

a)

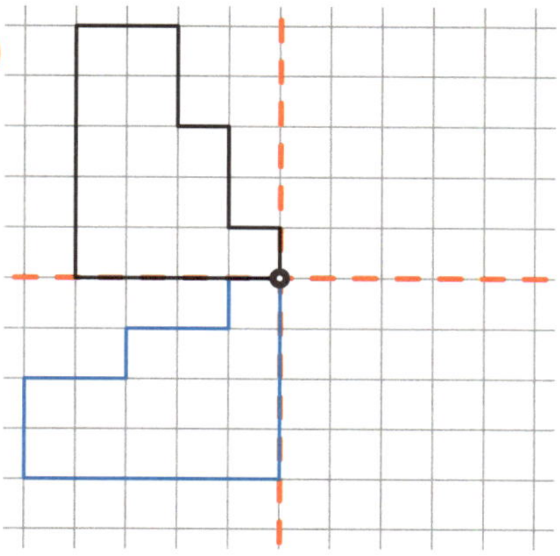

b)

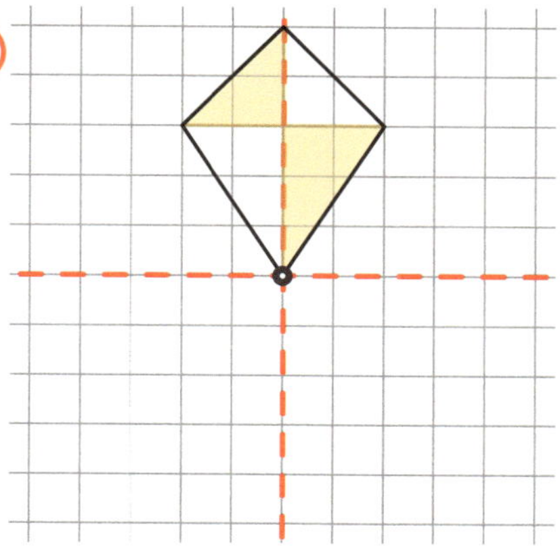

2 Die Gesamtfigur soll drehsymmetrisch werden.
Trage die Buchstaben der Teilfiguren am richtigen Platz ein. Ein Teil bleibt übrig.

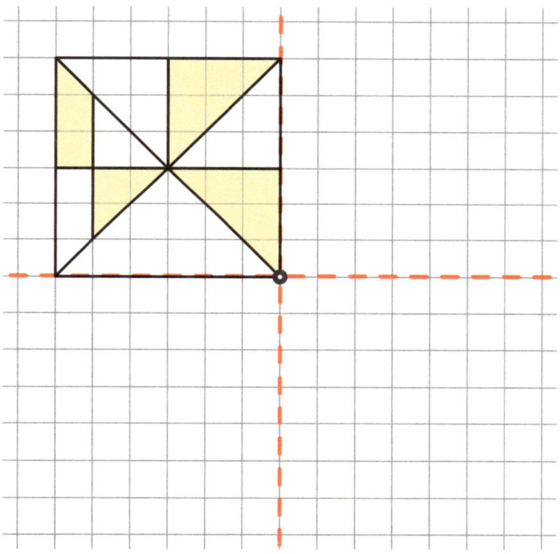

A

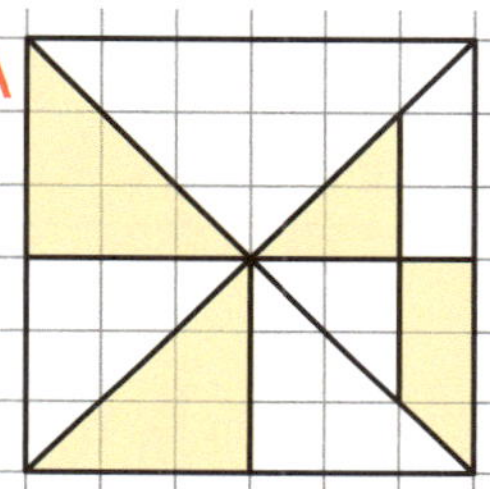

B

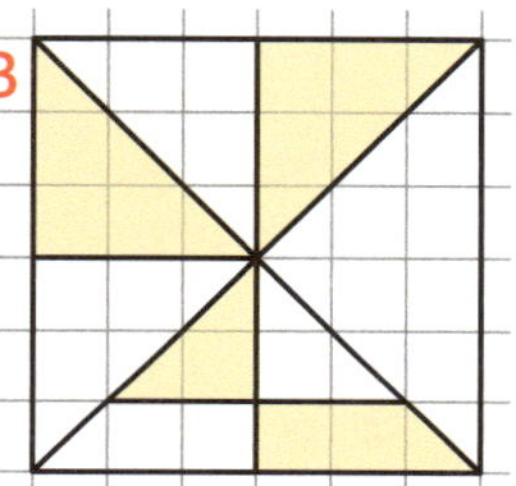

C

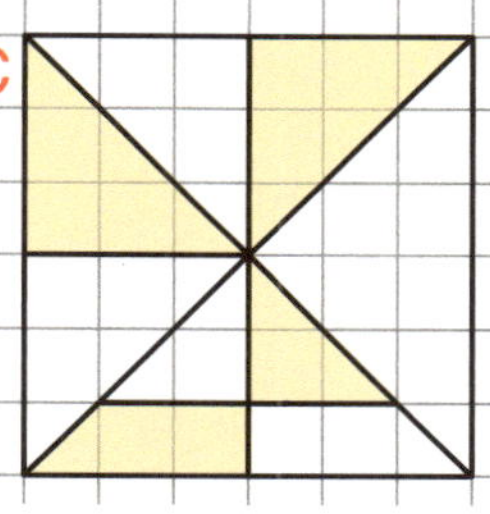

D

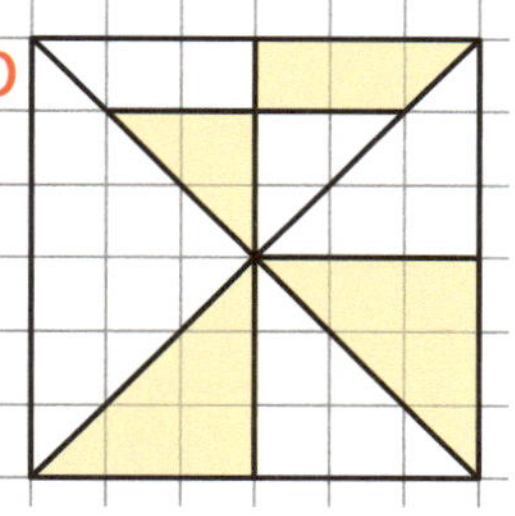

3 Färbe die Figur so, dass sie drehsymmetrisch bleibt.
Erkläre einem anderen Kind deine Vorgehensweise.

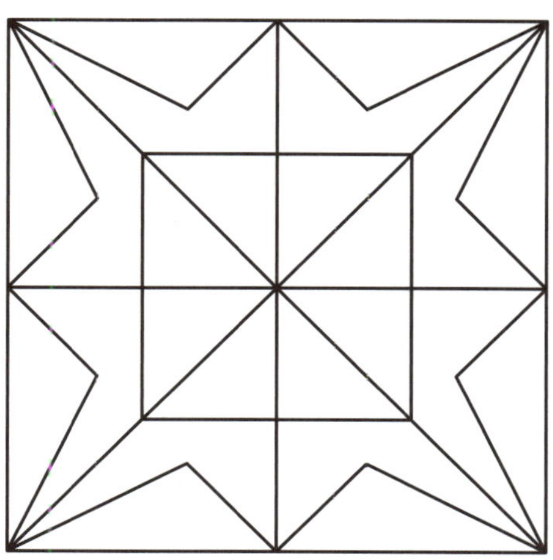

Schriftliches Multiplizieren üben 1

1 Löse die Aufgaben. Male die Felder mit den Ergebniszahlen aus.

a) 564 · 5 = 2820 | 756 · 8 | 964 · 7 | 648 · 4

947 · 6 | 306 · 3 | 827 · 6 | 273 · 2

b) 3524 · 4 | 7829 · 7 | 4021 · 8 | 8167 · 9

5412 · 3 | 6730 · 2 | 9148 · 5 | 2146 · 6

c) 12428 · 7 | 53619 · 4 | 79062 · 3

67817 · 5 | 28710 · 8 | 12403 · 9

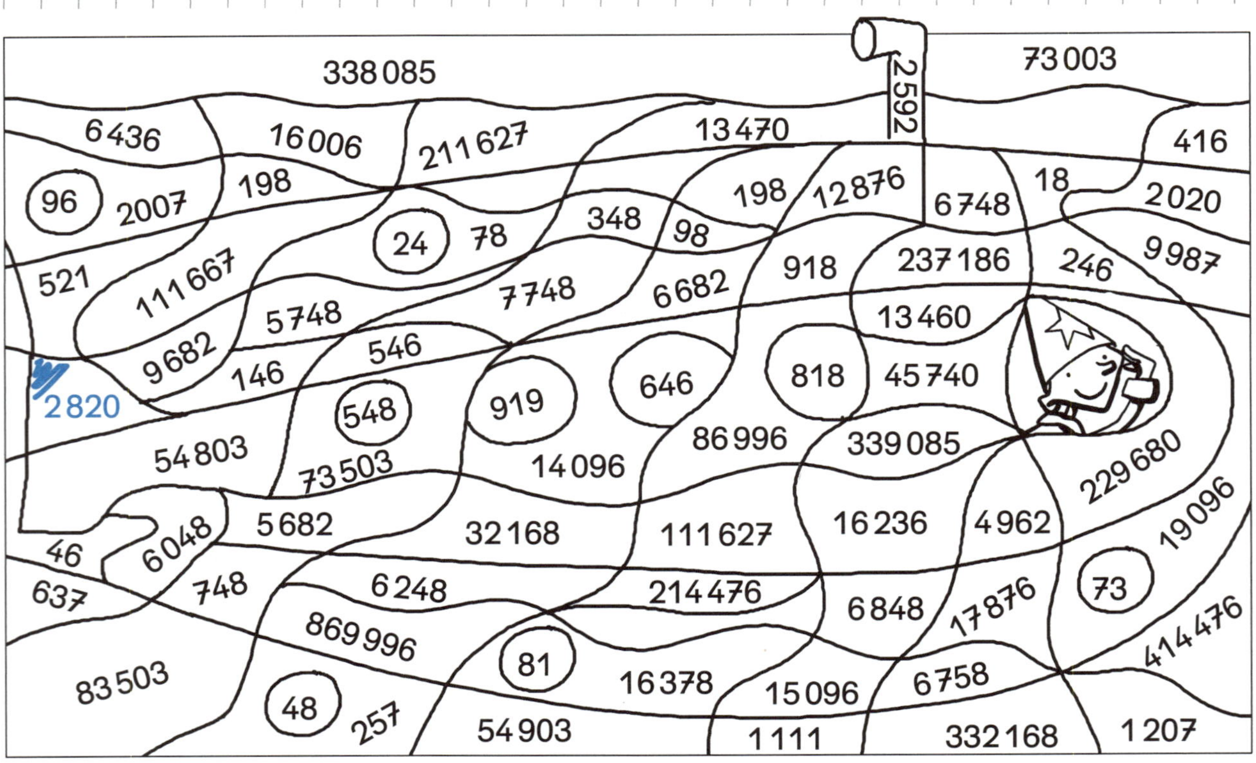

Schriftliches Multiplizieren üben 2

7

1 Überschlage zuerst. Rechne dann schriftlich. Kontrolliere selbst.

a) Ü: 3 0 0 · 4 = 1 2 0 0

3 2 1 · 4

1 2 8 4

Ü:

4 3 2 · 2

Ü:

6 3 2 · 8

Ü:

4 0 3 · 7

b) Ü:

3 5 3 5 · 4

Ü:

3 9 8 1 · 6

Ü:

4 8 1 5 · 7

Ü:

3 4 2 9 · 2

c) Ü:

1 1 9 3 5 · 2

Ü:

3 2 4 8 5 · 6

Ü:

8 5 4 1 3 · 7

Ü:

6 7 1 0 1 · 8

864 ~~1284~~ 2821 5056 6858 14140 23870 23886 33705 194910 536808 597891

Schriftliches Multiplizieren üben 3

1 Löse die Aufgaben. Überschlage zuerst.

a) Ü:

$364 \cdot 5$

Ü:

$268 \cdot 4$

b) Ü:

$4523 \cdot 7$

Ü:

$3718 \cdot 5$

2 Ergänze die fehlenden Ziffern.

a) $52\square \cdot 4 = \square 104$

b) $8\square 92\square \cdot 3 = 254\square 60$

c) $5\square 3\square \cdot \square = 58\square 6$

d) $26\square 14 \cdot 5 = \square 32570$

e) $\square 639\square \cdot 4 = 105588$

f) $91\square 56 \cdot 7 = 64089\square$

3 Rechne nach und verbessere die Fehler. Es sind insgesamt fünf Ergebnisse falsch.

a) $9804 \cdot 3 = 29442$ (4 durchgestrichen, verbessert: 1)

b) $368 \cdot 7 = 2476$

c) $4372 \cdot 6 = 25832$

d) $9354 \cdot 2 = 18708$

e) $517 \cdot 5 = 2555$

f) $6656 \cdot 4 = 26624$

g) $529 \cdot 9 = 4761$

h) $7692 \cdot 5 = 38465$

4 Finde mit Hilfe der Überschlagsrechnung falsche Ergebnisse.
Streiche die falsch gelösten Aufgaben durch.

a) $3718 \cdot 6 = 222648$

b) $1205 \cdot 7 = 8435$

c) $698 \cdot 8 = 5584$

d) $9756 \cdot 3 = 19737$

e) $617 \cdot 5 = 2585$

f) $405 \cdot 9 = 405$

g) $261 \cdot 4 = 10244$

h) $22989 \cdot 6 = 137934$

Kommazahlen schriftlich multiplizieren

1 Berechne jeweils den Gesamtpreis für die Einkäufe.

a) 2 kg Bananen: ________ €

3 l Apfelsaft: ________ €

4 l Orangensaft: ________ €

300 g Salami: ________ €

Gesamtpreis: ________ €

b) 2 Ananas: ________ €

4 Schokopudding: ________ €

5 l Milch: ________ €

6 Pizzen: ________ €

Gesamtpreis: ________ €

a)

b)

2 Schreibe eine eigene Einkaufsliste und berechne den Gesamtpreis.

1 Berechne die Aufgaben. Nutze die Stellenwerttabelle. Kontrolliere selbst.

a)

T	H	Z	E		Z	E
4	5	6	8	·	4	3

HT	ZT	T	H	Z	E
1	8	2	7	2	
	1	3	7	0	4
		1			
1	9	6	4	2	4

b)

T	H	Z	E		Z	E
3	4	8	1	·	3	5

HT	ZT	T	H	Z	E

c)

T	H	Z	E		Z	E
4	7	5	3	·	6	2

HT	ZT	T	H	Z	E

d)

T	H	Z	E		Z	E
5	8	0	7	·	7	3

HT	ZT	T	H	Z	E

e)

T	H	Z	E		Z	E
2	5	4	7	·	8	4

HT	ZT	T	H	Z	E

f)

T	H	Z	E		Z	E
6	9	0	2	·	9	3

HT	ZT	T	H	Z	E

g)

T	H	Z	E		Z	E
7	3	5	9	·	5	6

HT	ZT	T	H	Z	E

h)

T	H	Z	E		Z	E
1	9	8	7	·	7	5

HT	ZT	T	H	Z	E

i)

T	H	Z	E		Z	E
3	9	1	6	·	8	2

HT	ZT	T	H	Z	E

k)

T	H	Z	E		Z	E
5	7	6	8	·	3	2

HT	ZT	T	H	Z	E

l)

T	H	Z	E		Z	E
9	5	9	8	·	1	3

HT	ZT	T	H	Z	E

m)

T	H	Z	E		Z	E
6	4	5	8	·	2	7

HT	ZT	T	H	Z	E

121 835 124 774 149 025 174 366 184 576 ~~196 424~~
213 948 294 686 321 112 412 104 423 911 641 886

Schriftliches Multiplizieren mit zweistelligen Zahlen üben

1 Löse die Aufgaben. Vergleiche mit den Ergebniszahlen unten.

a) 270 · 40

1080
000
10800

479 · 60

606 · 30

942 · 60

b) 269 · 24

489 · 53

267 · 76

537 · 58

c) 5617 · 59

3786 · 83

8954 · 37

5693 · 48

d) 4068 · 71

8930 · 97

6783 · 36

5835 · 64

e) 15476 · 13

12635 · 42

39408 · 18

27415 · 35

1 Löse die Aufgaben. Überschlage zuerst.

a) Ü:

3 4 7 8 · 6 3

Ü:

5 2 0 7 · 4 8

b) Ü:

2 8 4 1 3 · 2 3

Ü:

4 3 4 0 2 · 1 9

2 Ergänze die fehlenden Ziffern.

a)
```
5 2 0 · 5 □
□ □ □ □
  2 0 8 0
□ □ 0 8 □
```

b)
```
4 2 7 · □ □
  1 2 8 1
  □ □ 3 5
1 4 9 □ 5
```

c)
```
4 3 □ 1 · 3 2
  1 3 0 5 3
    8 □ 0 2
1 3 □ 2 3 □
```

d)
```
□ 3 4 5 · 4 □
    9 □ □ □
    □ □ 9 0
  9 8 4 9 0
```

3 Rechne nach und verbessere die Fehler. Es sind insgesamt drei Ergebnisse falsch.

a)
```
5 6 3 9 · 2 2
      7
1 1 2 ~~6~~ 8
  1 1 2 6 8
      1
1 2 3 9 4 8
```

b)
```
4 0 7 8 · 3 7
1 2 2 3 4
  2 8 5 4 8
  1
1 5 0 8 8 8
```

c)
```
1 5 4 0 · 6 5
    9 2 4 0
    7 7 0 0
  1 1 1
1 0 0 1 0 0
```

d)
```
6 9 3 1 · 7 8
    4 8 5 1 7
    5 5 4 4 8
  1 1     1
1 0 3 9 6 5
```

Fragen, Rechnungen und Antworten ergänzen

1 Herr Schulz entscheidet sich für Ratenzahlung.

F: Wie viel Euro muss Herr Schulz im Vergleich zum normalen Preis mehr bezahlen?

R:

A: Er muss ____________ Euro mehr bezahlen.

2 Ole besorgt zum Klassenfest für jeden seiner 23 Mitschüler eine kleine Tüte Gummibärchen für je 0,45 Euro.

F: ______________________________

R:

A: Ole muss ____________ Euro bezahlen.

3 Tim spielt jeden Tag 15 Minuten Klavier.

F: Wie viel Minuten sind das in fünf Wochen?

R:

A: ______________________________

4 Der Arbeitsplatz von Leas Vater ist 38 km von seinem Wohnort entfernt.

F: ______________________________

R: 2 · 38 km = 76 km

76 km · 20

A: ______________________________

Kreise entdecken

1 Male möglichst viele Kreise aus. Sie dürfen sich nicht überschneiden.

2 Male Kreise aus, die sich berühren, aber nicht überschneiden.

Nach einer Anleitung zeichnen

1 Zeichne diese Figur. Führe nacheinander die beschriebenen Arbeitsschritte aus.

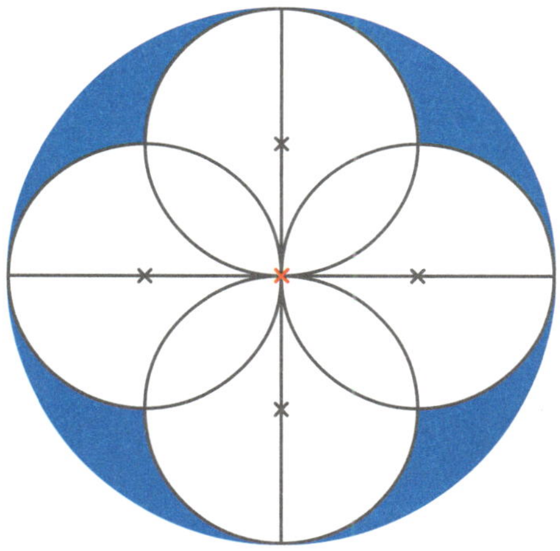

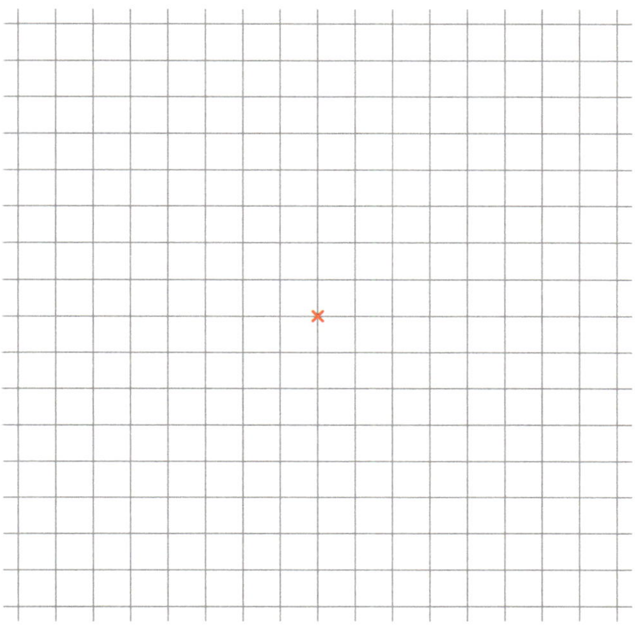

1. Zeichne um den markierten Mittelpunkt einen Kreis mit dem Radius 3 cm.
2. Zeichne durch den Mittelpunkt des Kreises zwei senkrecht aufeinanderstehende Linien. Sie sollen die Kreislinie schneiden.
3. Du hast nun vier Strecken vom Kreismittelpunkt bis zu den Schnittpunkten mit der Kreislinie. Halbiere diese vier Strecken mit Hilfe des Lineals. Markiere die Mittelpunkte der Strecken mit einem Kreuz.
4. Zeichne um jeden der vier markierten Punkte einen Kreis mit dem Radius 1,5 cm.
5. Male die vier Flächen zwischen den kleinen Kreisen und dem großen Kreis aus.

2 Zeichne die Figur. Führe nacheinander die beschriebenen Arbeitsschritte aus.

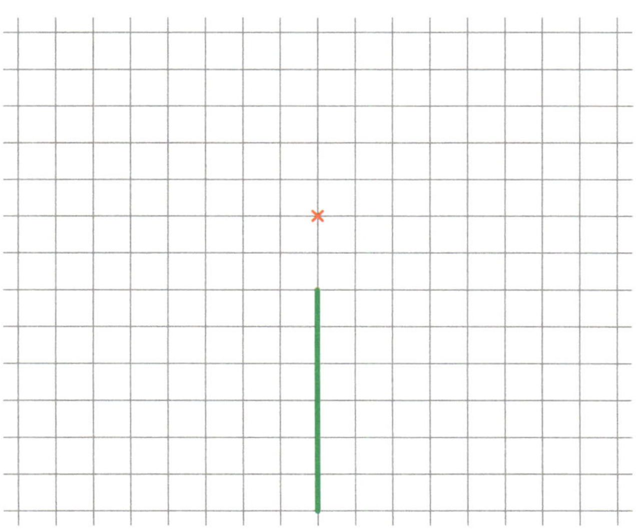

1. Zeichne um den markierten Mittelpunkt einen Kreis mit dem Radius 1 cm.
2. Verwandle die Figur nur mit Hilfe deines Zirkels in eine Blume.

Eine vorgegebene Figur zeichnen – die Zeichenanleitung schreiben

1 Zeichne die abgebildete Figur noch einmal in das Karofeld.

a) Gehe in diesen Schritten vor:

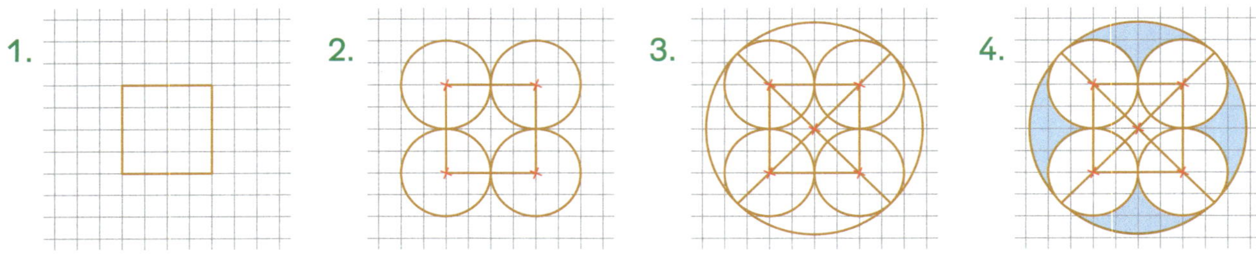

b) Beschreibe deine Arbeitsschritte.

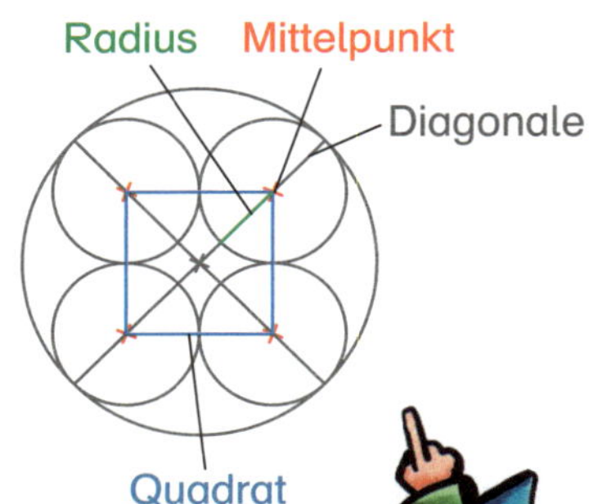

1. Ich zeichne ein ______________________ mit der Seitenlänge ____ cm.
2. ______________________
3. ______________________
4. ______________________

c) Vergleiche deine Beschreibung mit denen anderer Kinder.

Muster mit Zirkel und Geodreieck zeichnen

31

1 Setze die Muster fort.

a)

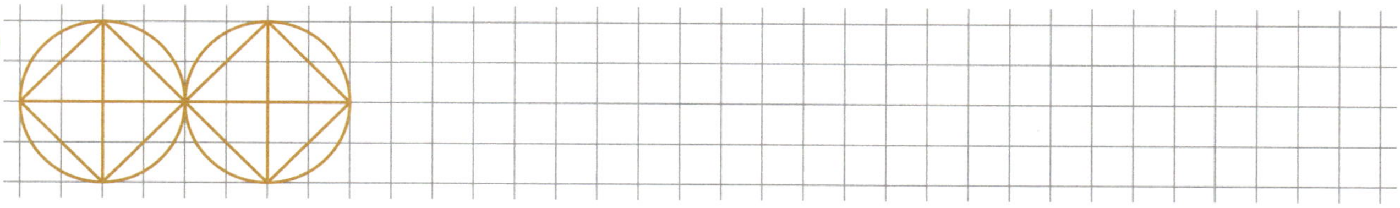

b)

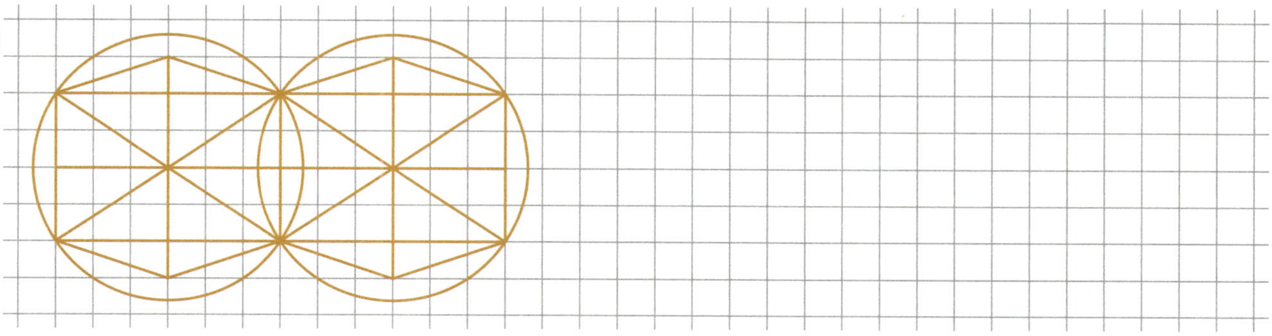

c)

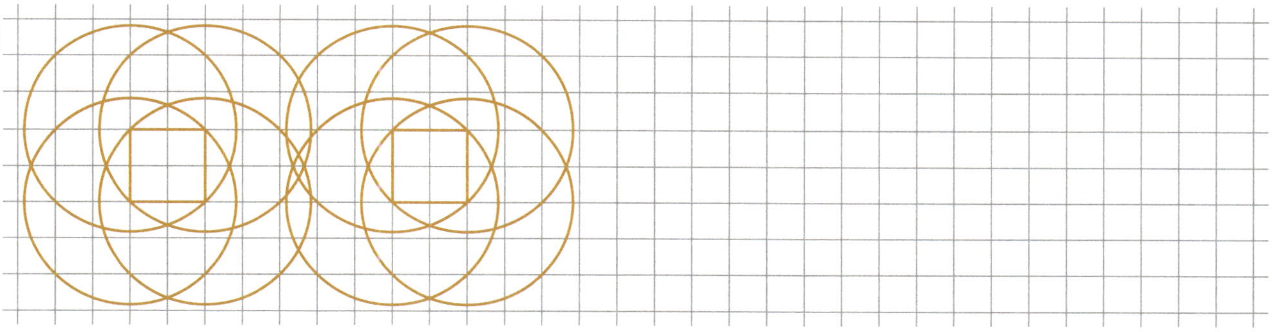

d)

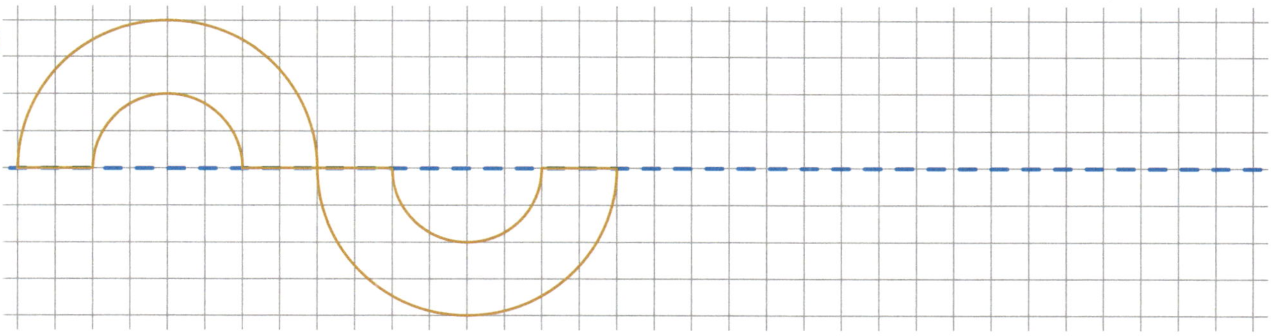

e)

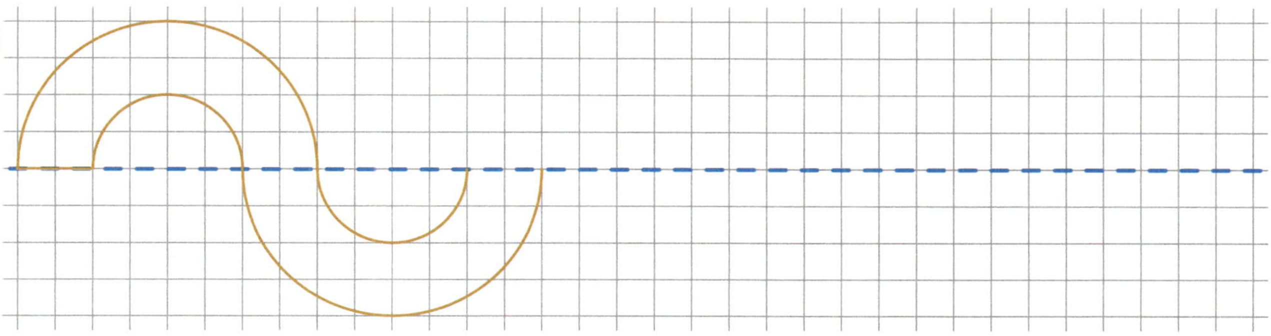

Aus Bruchteilen einen Kreis zusammensetzen

1 Male jeweils Kreisteile, die zusammen einen ganzen Kreis ergeben, in der gleichen Farbe an. Es bleiben Teile übrig. Besprich deine Ergebnisse mit anderen Kindern.

Muster fortsetzen und erfinden

1 Wähle mindestens drei Muster aus und setze sie fort.

a)

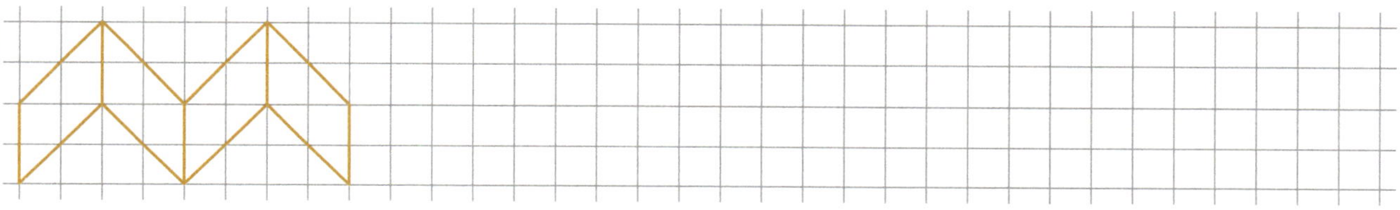

b)

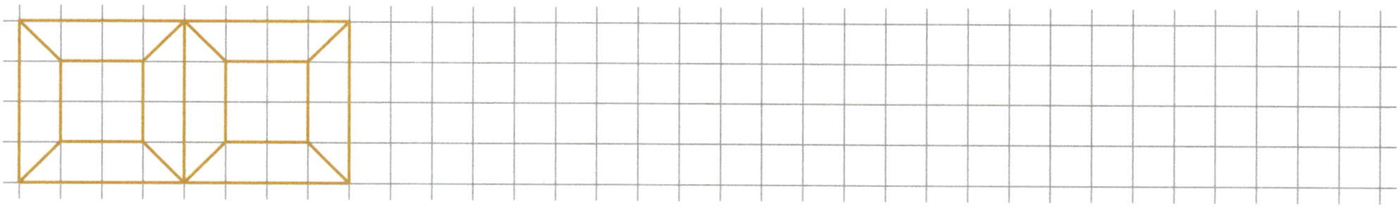

c)

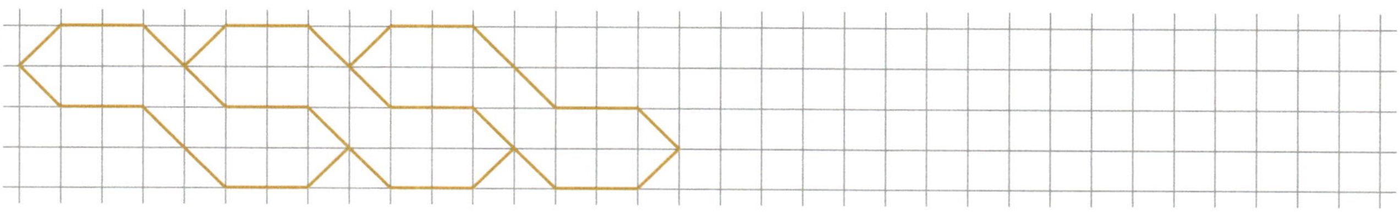

d)

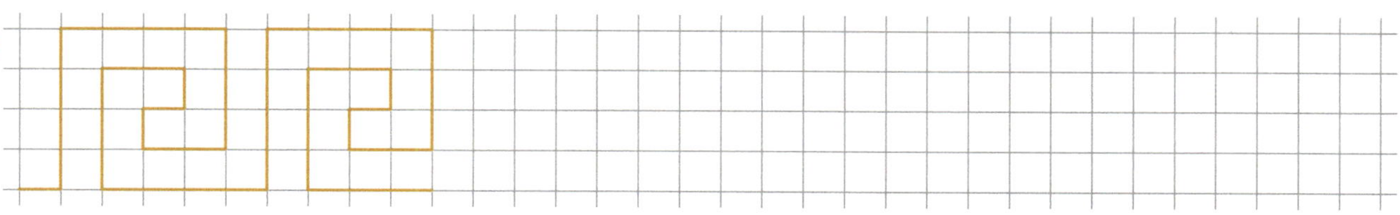

e)

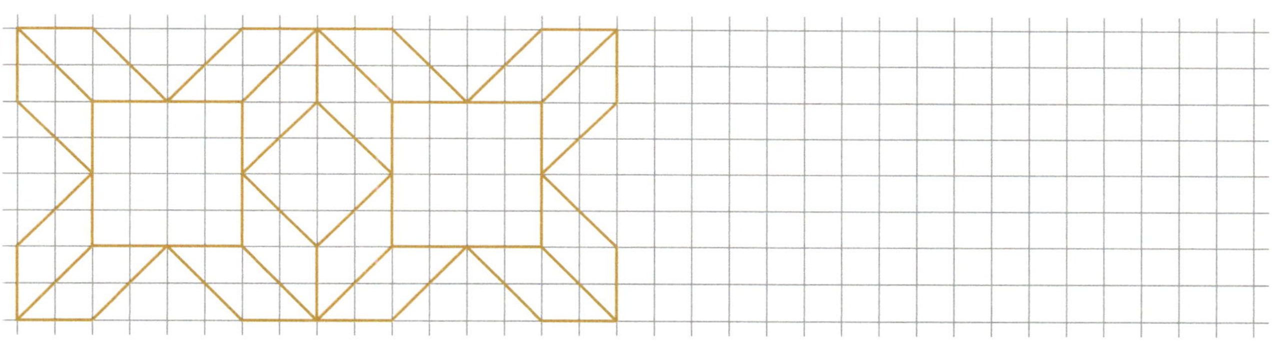

2 Erfinde ein eigenes Muster. Vergleiche es mit denen anderer Kinder.

3 Male deine Muster so aus, dass sie regelmäßige Muster bleiben.

Mit Stellenwerttabelle schriftlich dividieren

1 Rechne schriftlich.
Vergleiche deine Ergebnisse mit den Kontrollzahlen in den Sternen.

a)

Z	E				Z	E
9	6	:	8	=	1	
– 8						
1						
	0					

Z E : Z E
7 2 : 6 =
0

Z E : Z E
9 8 : 7 =
0

b)

H Z E : H Z E
9 2 8 : 8 =
0

H Z E : H Z E
8 2 2 : 3 =
0

H Z E : H Z E
5 8 4 : 4 =
0

c)

T H Z E : T H Z E
8 2 6 8 : 6 =
0

ZT T H Z E : ZT T H Z E
9 6 3 2 5 : 5 =
0

1 378 · 12 · 146 · 12 · 116 · 14 · 274 · 19 265

Ohne Stellenwerttabelle schriftlich dividieren

1 Dividiere schriftlich.
Vergleiche deine Ergebnisse mit den Kontrollzahlen in den Sternen.

a) 7835 : 5 = 1
5

0

5460 : 4 =

0

b) 12896 : 8 =

0

17667 : 9 =

0

c) 15265 : 5 =

0

18276 : 6 =

0

1567 1612 3053 3046 1963 1365

Schriftliches Dividieren üben

1 Dividiere schriftlich. Male im Bild unten die Felder mit den Ergebnissen aus.

a) 8684 : 4 =

b) 3294 : 6 =

c) 2349 : 3 =

d) 3075 : 5 =

2 Dividiere schriftlich. Achte besonders auf die Nullen. Male die Ergebnisse unten aus.

a) 4232 : 4 =

b) 12228 : 3 =

c) 6438 : 6 =

d) 1664 : 8 =

Mit Überschlagsrechnung und Umkehraufgabe umgehen

1 Male die Felder mit der Aufgabe und mit der dazu passenden Überschlagsrechnung jeweils in der gleichen Farbe aus.

6951 : 3 = 2317	4400 : 5 = 880	22986 : 6 = 3831	81000 : 3 = 27000
24000 : 6 = 4000	82650 : 3 = 27550	68000 : 4 = 17000	70000 : 7 = 10000
68528 : 4 = 17132	6900 : 3 = 2300	72961 : 7 = 10423	4375 : 5 = 875

2 Kreise mit einem Partnerkind jeweils die geschickteste(n) Überschlagsrechnung(en) ein.

a) 576 : 6 = ☐
500 : 6
600 : 6
580 : 6

b) 858 : 3 = ☐
800 : 3
900 : 3
940 : 3

c) 984 : 4 = ☐
900 : 4
1000 : 4
980 : 4

d) 768 : 8 = ☐
800 : 8
720 : 8
700 : 8

e) 5178 : 6 = ☐
6000 : 6
5400 : 6
4800 : 6

f) 1257 : 3 = ☐
1200 : 3
1300 : 3
1260 : 3

g) 78327 : 9 = ☐
80000 : 9
70000 : 9
81000 : 9

h) 854 : 7 = ☐
800 : 7
700 : 7
840 : 7

3 Verbinde immer die Felder mit Aufgabe und Ergebnis passend.
Rechne dazu die Umkehraufgabe oder die Überschlagsrechnung im Kopf.

3992 : 4 =	9525 : 5 =	58821 : 7 =	33534 : 6 =

1905	468	8403	998	5589	6841	242	7446

3276 : 7 =	2178 : 9 =	20523 : 3 =	14892 : 2 =

4 Finde durch eine Überschlagsrechnung oder die Umkehraufgabe die fünf falschen Ergebnisse. Kreise sie ein.

1768 : 8 = 221
2664 : 6 = 884
3995 : 5 = 699
2480 : 4 = 680
72961 : 7 = 10423
33540 : 6 = 5590
4375 : 5 = 775
3368 : 8 = 421
21672 : 7 = 3007

Mit Überschlagsrechnung und Umkehraufgabe überprüfen

1 Überschlage zuerst.
Rechne dann genau und überprüfe dein Ergebnis mit der Umkehraufgabe.

a) Ü:
38532 : 6 =
Probe: · 6

Ü:
25772 : 4 =
Probe: · 4

b) Ü:
37625 : 5 =
Probe: · 5

Ü:
16415 : 7 =
Probe: · 7

c) Ü:
29448 : 3 =
Probe: · 3

Ü:
18694 : 2 =
Probe: · 2

Beim Dividieren mit der Null umgehen

1 Dividiere schriftlich. Achte besonders auf die Nullen.
Vergleiche deine Ergebnisse mit den Kontrollzahlen.

a) 9236 : 4 = 9416 : 2 =

2149 : 7 = 1215 : 3 =

b) 96084 : 6 = 75005 : 5 =

73408 : 8 = 32016 : 4 =

c) 8024 : 8 = 6054 : 6 =

307 405 1003 1009 2309 4708 8004 9176 15001 16014

1

Bestellschein

Name
Str./Nr.
Vorname
PLZ/Ort
Datum/Unterschrift

Seite	Artikelbezeichnung	Bestellnummer	Menge	Einzelpreis (€)	Gesamtpreis (€)
284	Farbige Klebezettel	533133-42	2	3,29	,
286	Notizklotz	236596-42	4	,	7,00
318	Radiergummi	483792-42	5	1,15	,
322	Fineliner schwarz	313015-42	8	,	3,92
Bestellungen Großpackungen (mehr als 10 Stück)					
288	Briefblock DIN A4	737908-42	15	0,80	9,90
348	Bleistift	544452-42	12	0,55	5,79
379	Ordner	529917-42	20	1,19	19,80
				Endbetrag	,

a) Fülle den Bestellschein vollständig aus. Berechne dazu die fehlenden Einzelpreise und Gesamtpreise. Berechne den Endbetrag.

b) Einige Produkte wurden in Großpackungen bestellt.
Berechne, wie viel jeweils im Vergleich zum Einzelpreis gespart wird.

Briefblöcke: gespart ____________

Bleistifte: gespart ____________

Ordner: gespart ____________

c) Besprich mit einem anderen Kind, wann es sinnvoll ist Großpackungen zu bestellen.

Dividieren mit Rest üben

1 Dividiere schriftlich.

a) 15266 : 4 =

b) 20039 : 7 =

c) 21208 : 3 =

2 Dividiere schriftlich. Kontrolliere mit der Probe.

a) 2052 : 5 =

b) 4095 : 8 =

c) 3687 : 5 =

d) 1977 : 2 =

Teilbarkeitsregeln anwenden

1 Umkreise alle Zahlen, die ohne Rest durch …

a) … 2 teilbar sind, rot. b) … 5 teilbar sind, gelb. c) … 3 teilbar sind, blau.

d) … 6 teilbar sind, lila. e) … 4 teilbar sind, grün. f) … 9 teilbar sind, orange.

5 247 873 315 52 895 25 794 4 005 38 772 698 832

617 912 27 616 548 735 470 235 8 260 18 052 8 901

1 308 871 401 76 806 123 542 57 916 972 316

2 Ergänze mit einem Partnerkind die folgenden Sätze.

a) Alle Zahlen, die ohne Rest durch 9 teilbar sind,
sind auch ohne Rest durch ____ teilbar.

b) Alle Zahlen, die ohne Rest durch 6 teilbar sind,
sind auch ohne Rest durch ____ und ____ teilbar.

c) Alle Zahlen, die ohne Rest durch 4 teilbar sind,
sind auch ohne Rest durch ____ teilbar.

3 Bilde aus beliebigen Ziffern fünfstellige Zahlen, die ohne Rest …

a) … nicht durch 2 teilbar sind.

____

b) … nicht durch 3 teilbar sind.

____

c) … nicht durch 4 teilbar sind.

____

d) … durch 3 teilbar, aber nicht durch 9 teilbar sind.

____

e) … nicht durch 2, 3, 4, 5, 6 oder 9 teilbar sind.

____

Durchschnittswerte berechnen

1 Führe in deiner Klasse eine Umfrage zur täglichen Hausaufgabenzeit durch.

a) Befrage die anderen Kinder eine Woche lang jeden Tag, wie viel Zeit sie am vorigen Nachmittag ungefähr für ihre Hausaufgaben benötigt haben. Erstelle eine Strichliste.

	10 min	20 min	30 min	40 min	50 min	60 min	70 min
Mo							
Di							
Mi							
Do							
Fr							

b) Berechne die durchschnittliche Hausaufgabenzeit in deiner Klasse …

… für die einzelnen Wochentage.

Mo: ________ min Di: ________ min Mi: ________ min

Do: ________ min Fr: ________ min

… für die gesamte Woche: ________ min

c) Du kannst die Aussagekraft deiner Berechnungen noch vertiefen, indem du die Umfrage nach Mädchen und Jungen trennst, oder nach Fächern, oder …

1 Schreibe die Zahlenrätsel als Kettenaufgaben.
Bestimme die gesuchten Zahlen. Manchmal musst du rückwärts rechnen.
Trage dann die Pfeile für die Umkehraufgaben ein.

a)

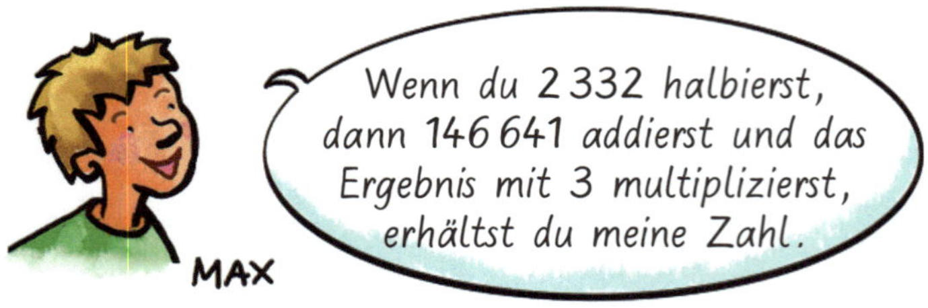

2 332 —(: 2)→ ☐ —( )→ ☐ —( )→ ☐

b)

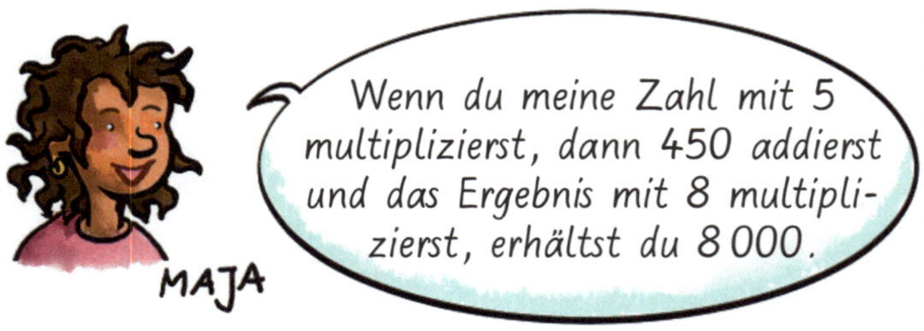

☐ —( )→ ☐ —( )→ ☐ —( )→ ☐

c)

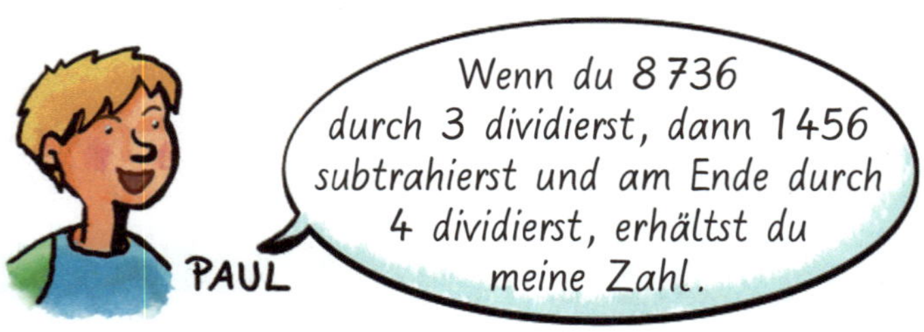

☐ —( )→ ☐ —( )→ ☐ —( )→ ☐

Fehlende Ziffern ergänzen

1 Ergänze die fehlenden Ziffern.

a) 4□5□ : 3 = 1□5□
□
1 6
1 5
1 5
1 5
0 3
3
0

b) □6 3□ : 6 = 1 2□3
6
1□
□□
4□
4 2
1 8
□□
0

c) □7□8 : 2 = □8□□
8
1□
□□
1 6
1 6
0□
8
0

d) 7□3□ : 4 = 1□□□
□
□6
3 6
□3
0
□2
3 2
0

e) 4□7□5 : 5 = 9□4□
□□
3 7
3 5
□3
2 0
3 5
□□
0

f) □□5 9 5 : 9 = 2□□□
1 8
8 5
8 1
□□
4 5
4□
□□
0

g) 4□□3 : 7 = □□□
4 2
4 1
□5
□3
6□
0

h) 8□4 4 : 8 = □0□□
8
0 1
0
1□
8
□□
□□
0

i) □□□□ : 6 = 2 8□
1 2
5 3
□□
5□
5 4
0

Figuren nach vorgegebenem Maßstab verändern

1 Vergrößere alle Linien im angegebenen Maßstab.

a)

b)

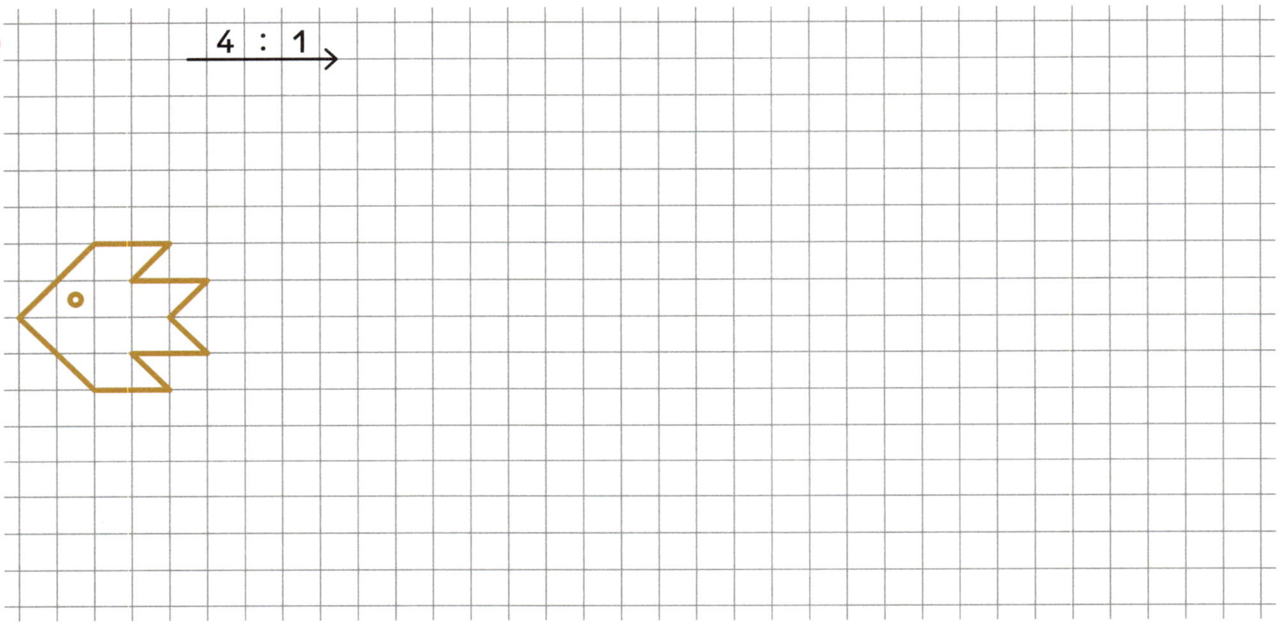

2 Verkleinere alle Linien im angegebenen Maßstab.

a)

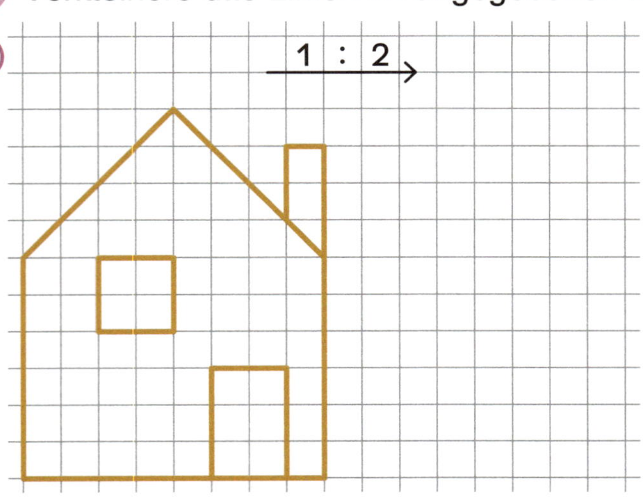

b)

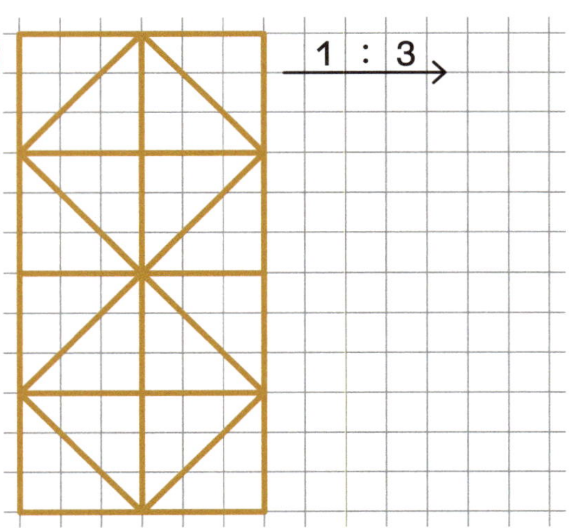

Die Flächen zweier Wohnungen maßstabgetreu bestimmen

1 Die Grundrisse der beiden Wohnungen sind im Maßstab 1 : 100 gezeichnet.
1 cm auf dem Plan sind 100 cm in Wirklichkeit.

Trage die Flächengrößen der einzelnen Räume ein.
Ermittle die Gesamtfläche jeder Wohnung.

Wohnung 1

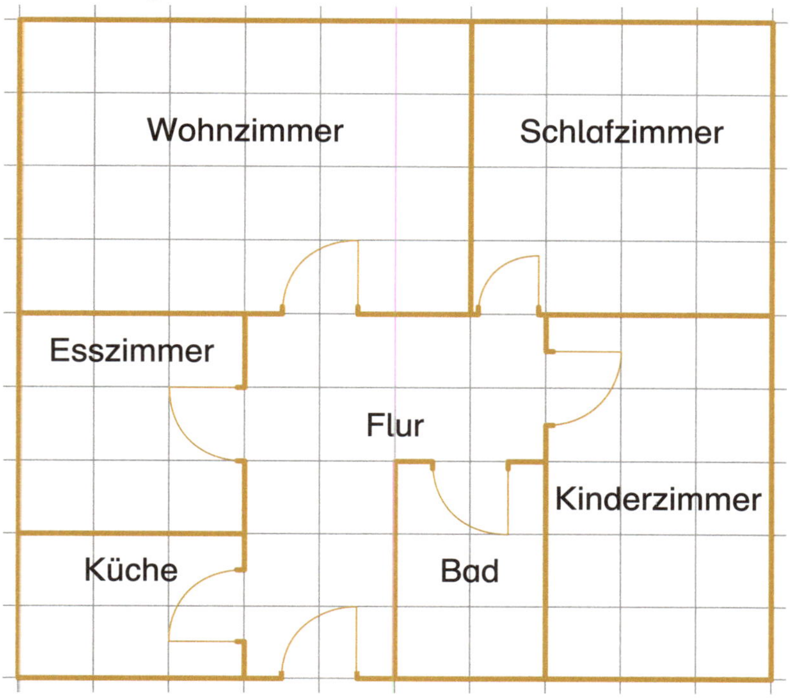

Wohnzimmer:	24	Quadratmeter
Schlafzimmer:		Quadratmeter
Esszimmer:		Quadratmeter
Kinderzimmer:		Quadratmeter
Bad:		Quadratmeter
Küche:		Quadratmeter
Flur:		Quadratmeter
Gesamtfläche:		Quadratmeter

Wohnung 2

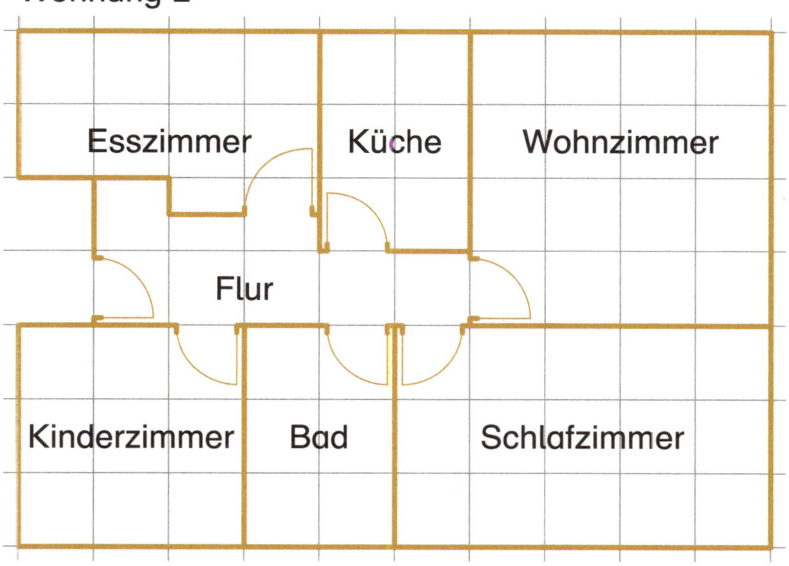

Wohnzimmer:		Quadratmeter
Schlafzimmer:		Quadratmeter
Esszimmer:		Quadratmeter
Kinderzimmer:		Quadratmeter
Bad:		Quadratmeter
Küche:		Quadratmeter
Flur:		Quadratmeter
Gesamtfläche:		Quadratmeter

2 Zeichne den Grundriss für deine Traumwohnung im Maßstab 1 : 100 und bestimme die Gesamtfläche.

Knobeleien mit dem Spielwürfel lösen

1 Betrachte Einsterns Würfel und trage ein, welche Augenzahl man sieht.

a) von vorne   b) von hinten

c) von oben   d) von unten

e) von rechts   f) von links

2 Ergänze mit einem Partnerkind die Punkte auf den Würfelnetzen.

a) 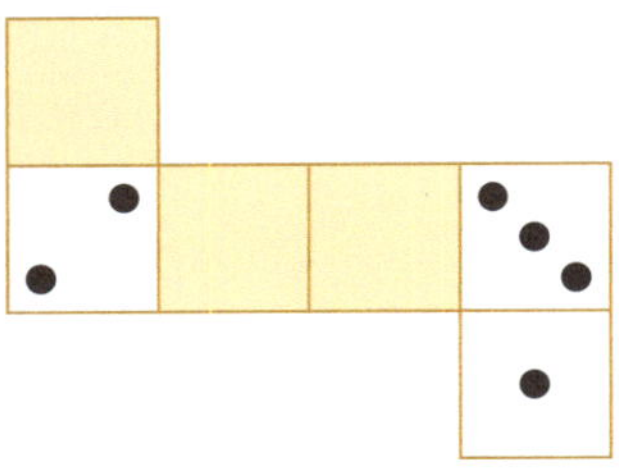

b) 

c) 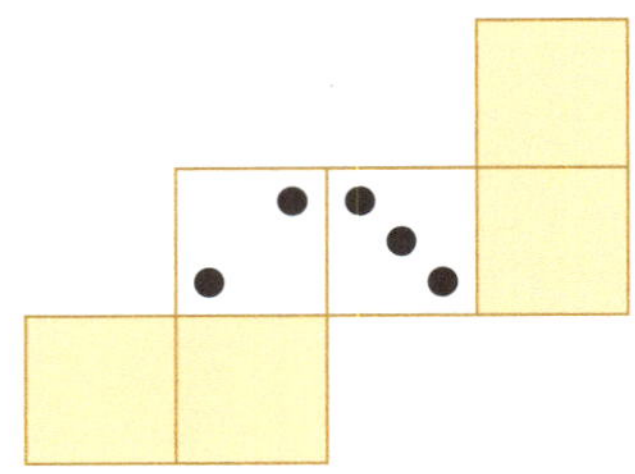

d) 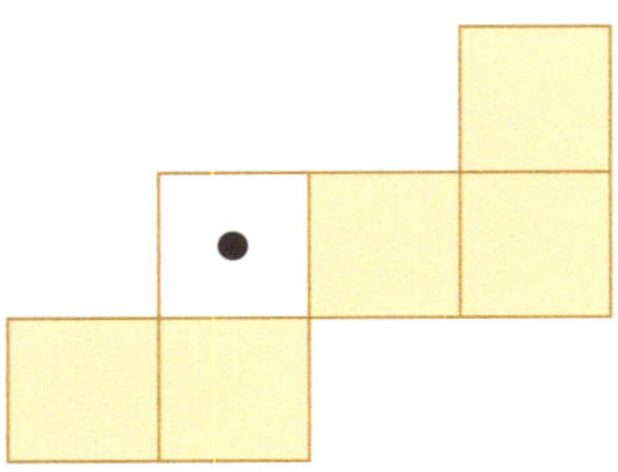

e) 

f) 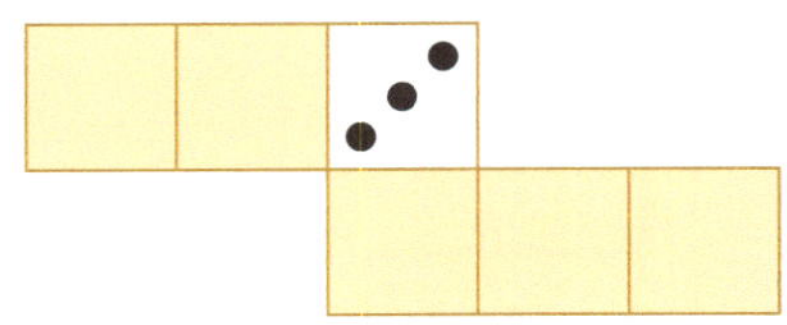

3 Kippe den Spielwürfel in deiner Vorstellung in die angegebenen Richtungen und trage die Augenzahlen ein. Zur Kontrolle kannst du einen Würfel tatsächlich so kippen.

a) 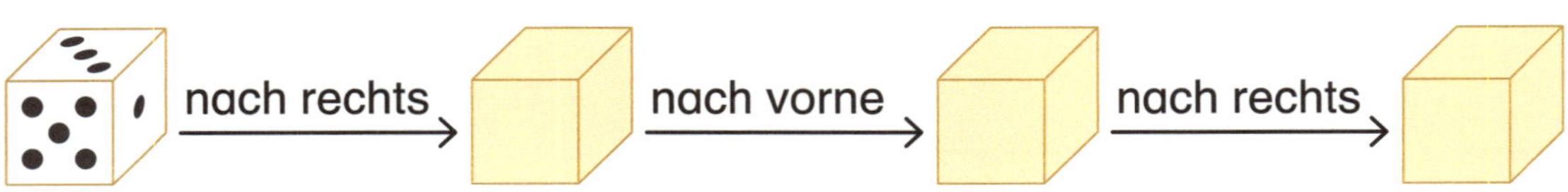

b) 

c) 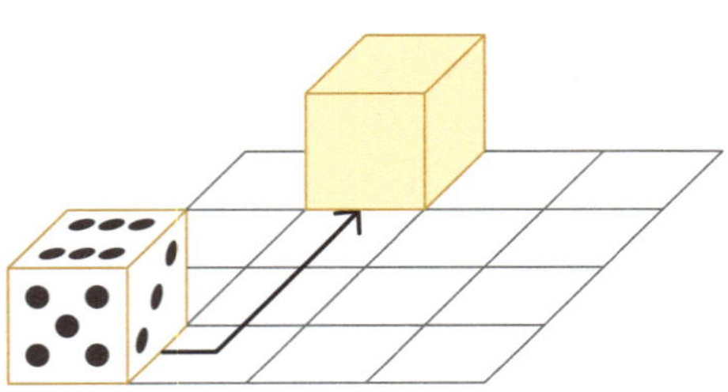

d) 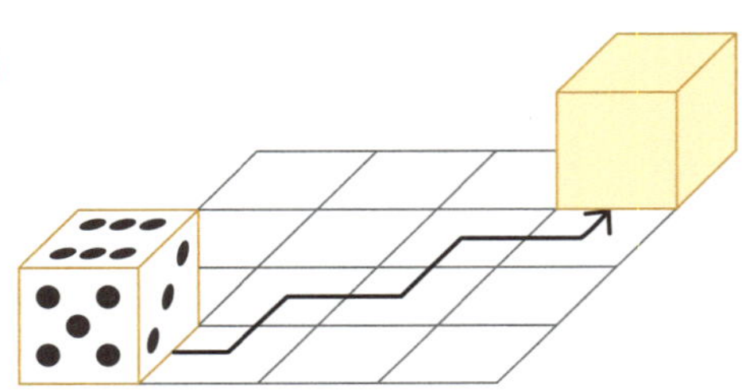

Würfelgebäude passend einfärben

40

1 Der große Würfel ist aus 27 kleinen Würfeln zusammengesetzt.
Male die kleinen Würfel so aus:

a) Würfel mit drei und mehr außen sichtbaren Seiten rot.

b) Würfel mit zwei außen sichtbaren Seiten blau.

c) Würfel mit einer außen sichtbaren Seite gelb.

d) Vergleiche deine Ergebnisse mit denen anderer Kinder.

2 Färbe diese Würfel-Bauwerke nach der gleichen Vorschrift wie in Aufgabe 1.

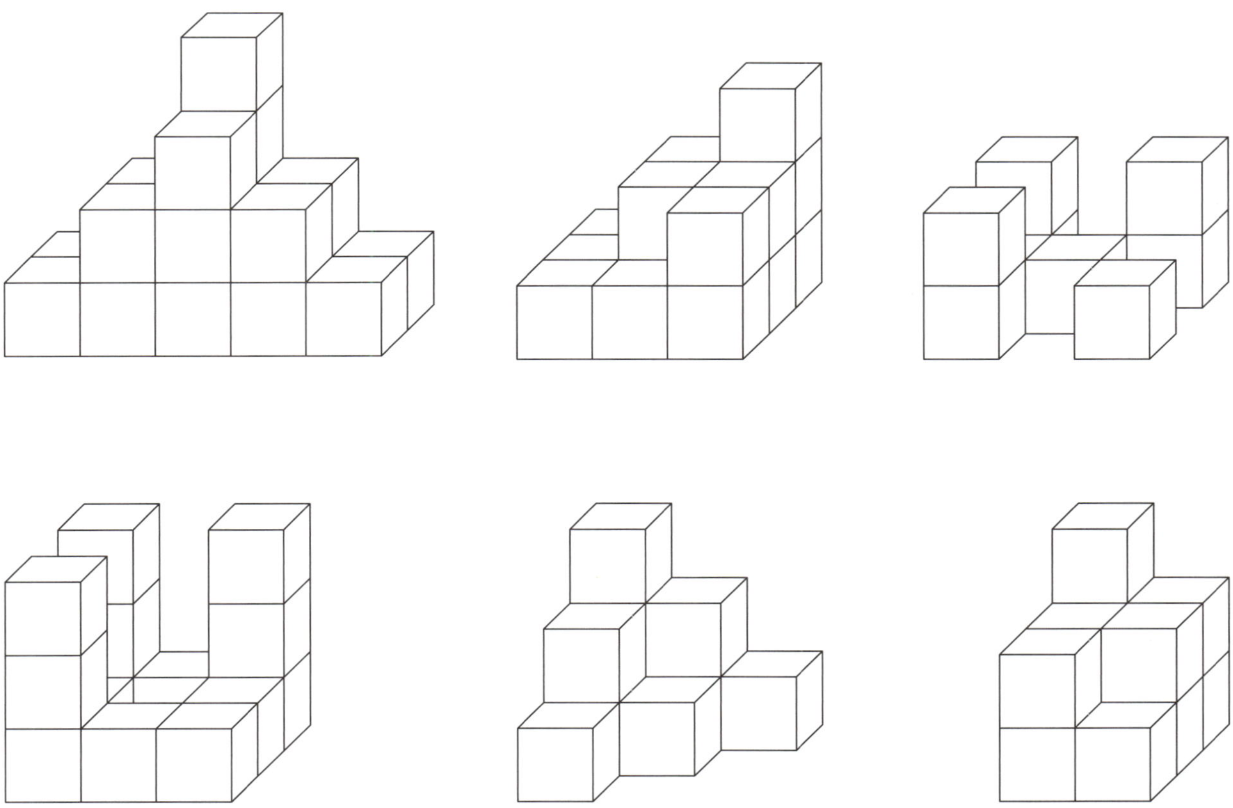

Aufgaben mit dem Taschenrechner lösen

1 Rechne schriftlich in deinem Heft. Rechne dann mit dem Taschenrechner und überprüfe deine Lösungen.

a) 478 + 384 = ___
5632 + 4556 = ___
98002 + 43549 = ___

b) 35 · 26 = ___
348 · 83 = ___
7413 · 9 = ___

c) 576 − 398 = ___
6705 − 3817 = ___
32346 − 18519 = ___

d) 216 : 9 = ___
4352 : 4 = ___
52347 : 3 = ___

2 Rechne im Kopf oder schriftlich und anschließend mit dem Taschenrechner. Überprüfe, ob dein Taschenrechner die Punkt-vor-Strich-Regel beachtet.

a) 8460 − 70 : 10 = ___
4 · 30 + 8 · 40 = ___
150 : 30 + 520 = ___

b) 8 · 250 − 500 = ___
4 · 150 − 3 · 20 = ___
1500 : 50 + 2000 : 40 = ___

3 Tim rechnet im Kopf, Lea rechnet mit dem Taschenrechner. Sie rechnen um die Wette.

Suche dir ein anderes Kind, mit dem du wie Tim und Lea die folgenden Aufgaben um die Wette rechnest. Tauscht zwischendurch die Rollen.

a)	b)	c)	d)
7 · 8	36 : 4	120 + 340	860 − 240
5 · 7	15 : 3	250 + 350	1500 − 300
9 · 4	20 : 10	1200 + 400	23627 − 5417
3 · 50	400 : 5	395 + 245	81000 − 21000
4 · 68	216 : 3	1401 + 2399	37000 − 2900

Zahlenmauern und Rechenfenster ergänzen

1 Setze die Zahlen passend ein.

a) 87, 330, 24, 63, 36, 57, 12, 120, 207, 123

b) 1 559, 83, 498, 771, 208, 207, 125, 564, 290, 1 061

2

			549			
		243		306		
	104		139		167	
39		65		74		93

Verändere die Zahlen der Grundmauer so, dass in a) und b) die veränderte Zielzahl erreicht wird.

a)

b)

3 Ergänze die Rechenfenster.

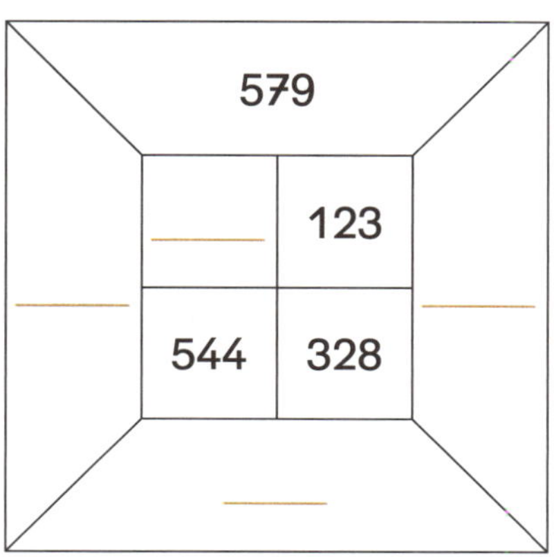

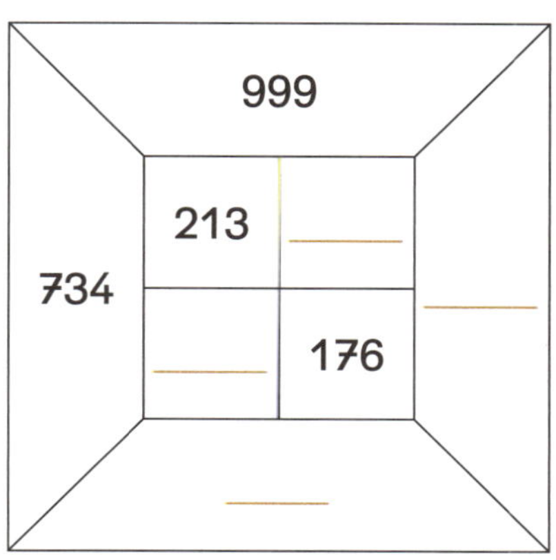

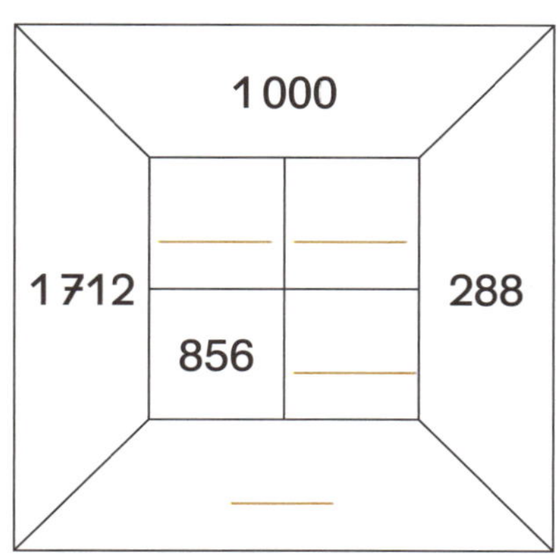

Ein Fahrrad zusammenstellen

1 Ole und Lisa sollen neue Fahrräder bekommen.
Sie stellen sich die Fahrräder im Fahrradgeschäft zusammen.

a) Ole möchte ein Mountainbike haben.
Es gibt ___ Möglichkeiten das Mountainbike zusammenzustellen.

b) Lisa möchte ein Citybike haben.
Es gibt ___ Möglichkeiten das Citybike zusammenzustellen.

c) Vervollständige die Baumdiagramme.

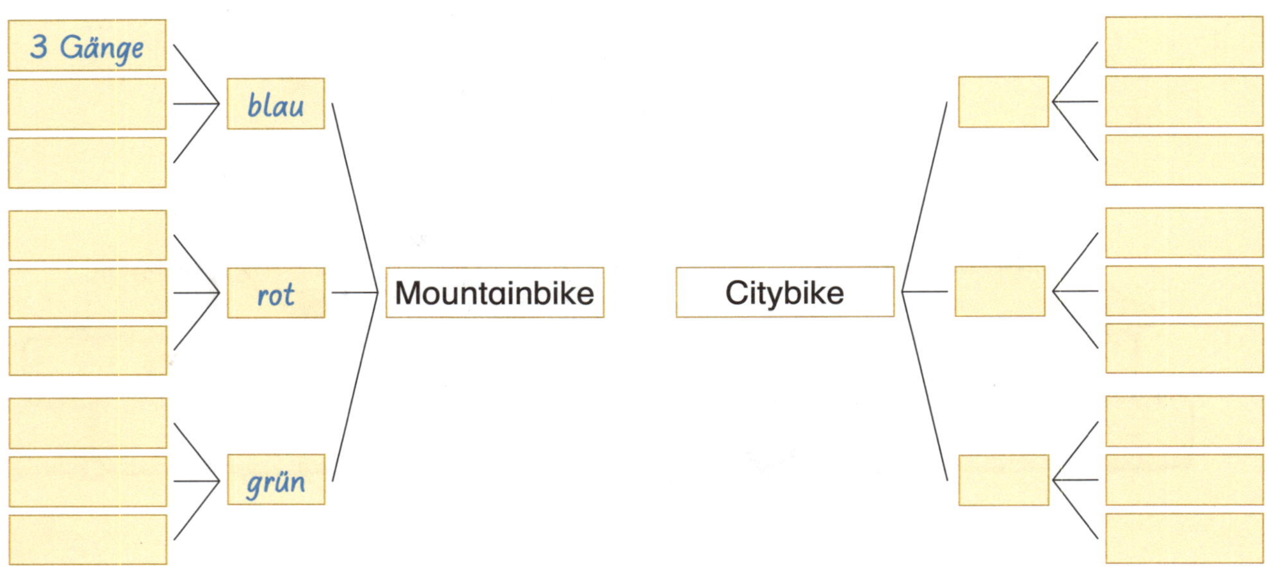

2 Ole und Lisa wollen die Zahlen an ihren neuen Fahrradschlössern einstellen.

a) Ole möchte für sein Fahrradschloss
seine drei Lieblingszahlen 3, 7 und 2 verwenden.
Welche Möglichkeiten hat er, diese Zahlen zu verwenden?

372, ____________________

b) Lisa hat auch ein Fahrradschloss mit drei Stellen.
Sie möchte gern zweimal ihre Lieblingszahl 5 verwenden.

____

____